Index

Enjoy adding Colour

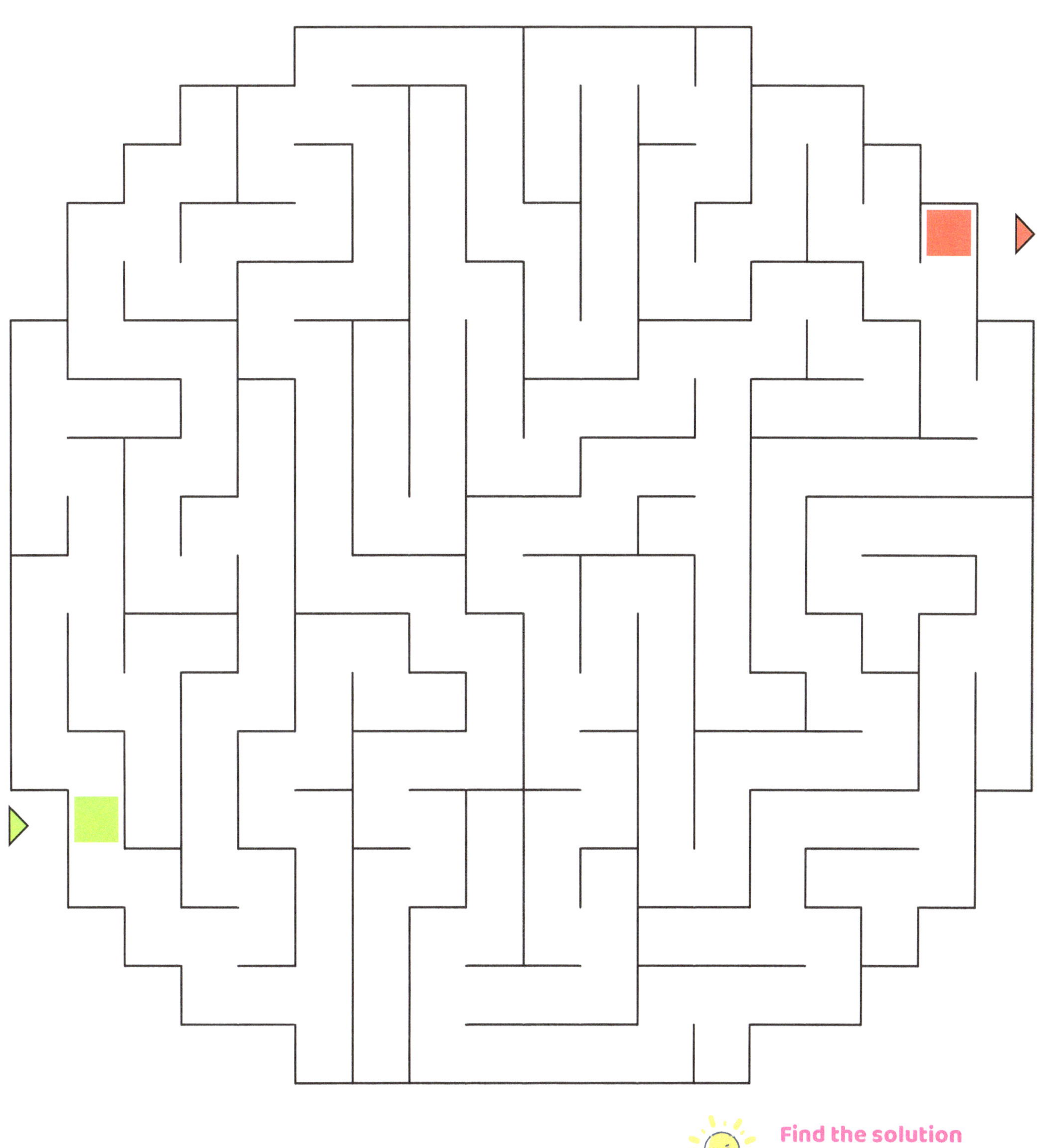

Find the solution
on page 84

Enjoy adding Colour

Maze Level: **Easy**   Maze Number: **2**

Find the solution on page 84

Maze Level: Easy   Maze Number: 3

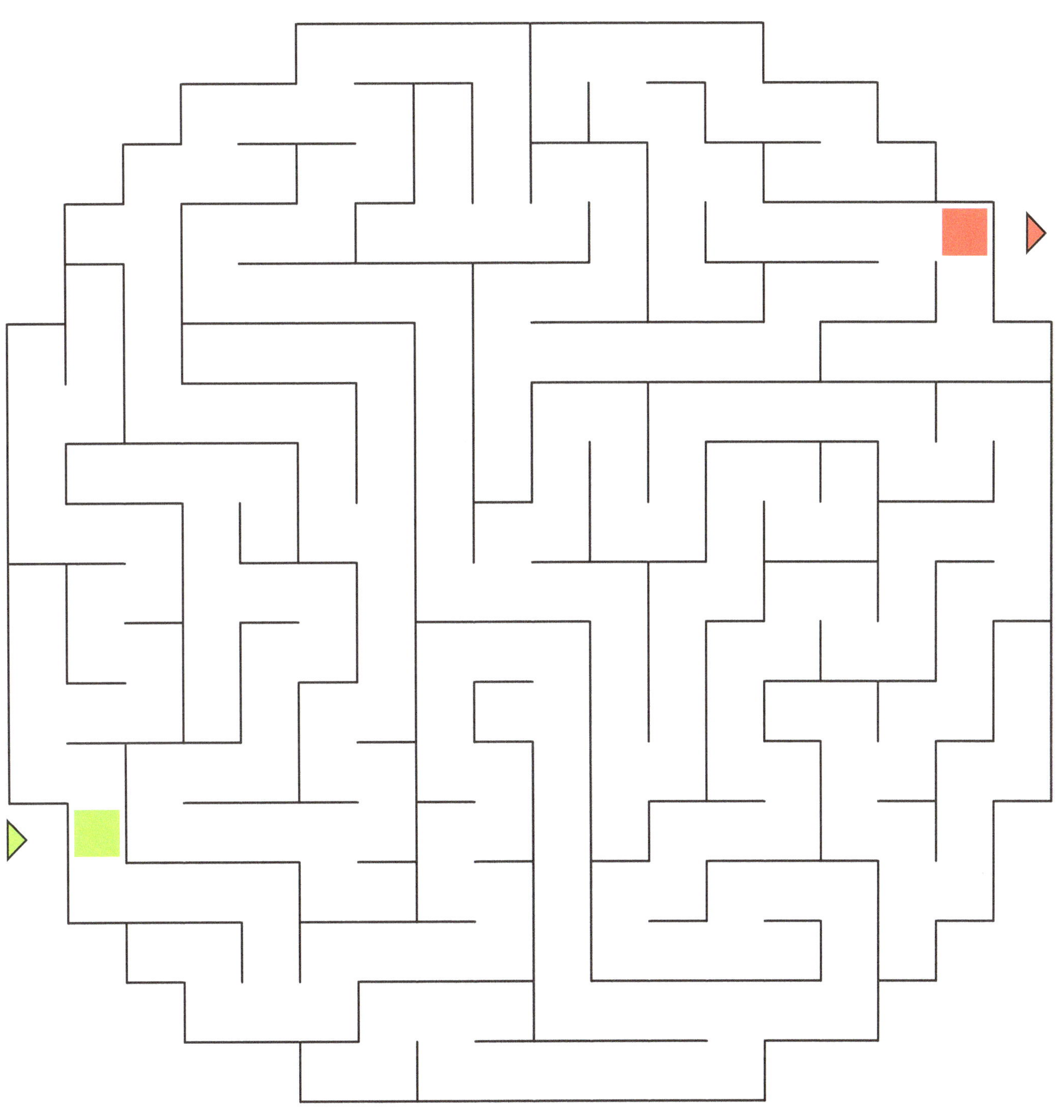

Find the solution on page 84

Enjoy adding Colour

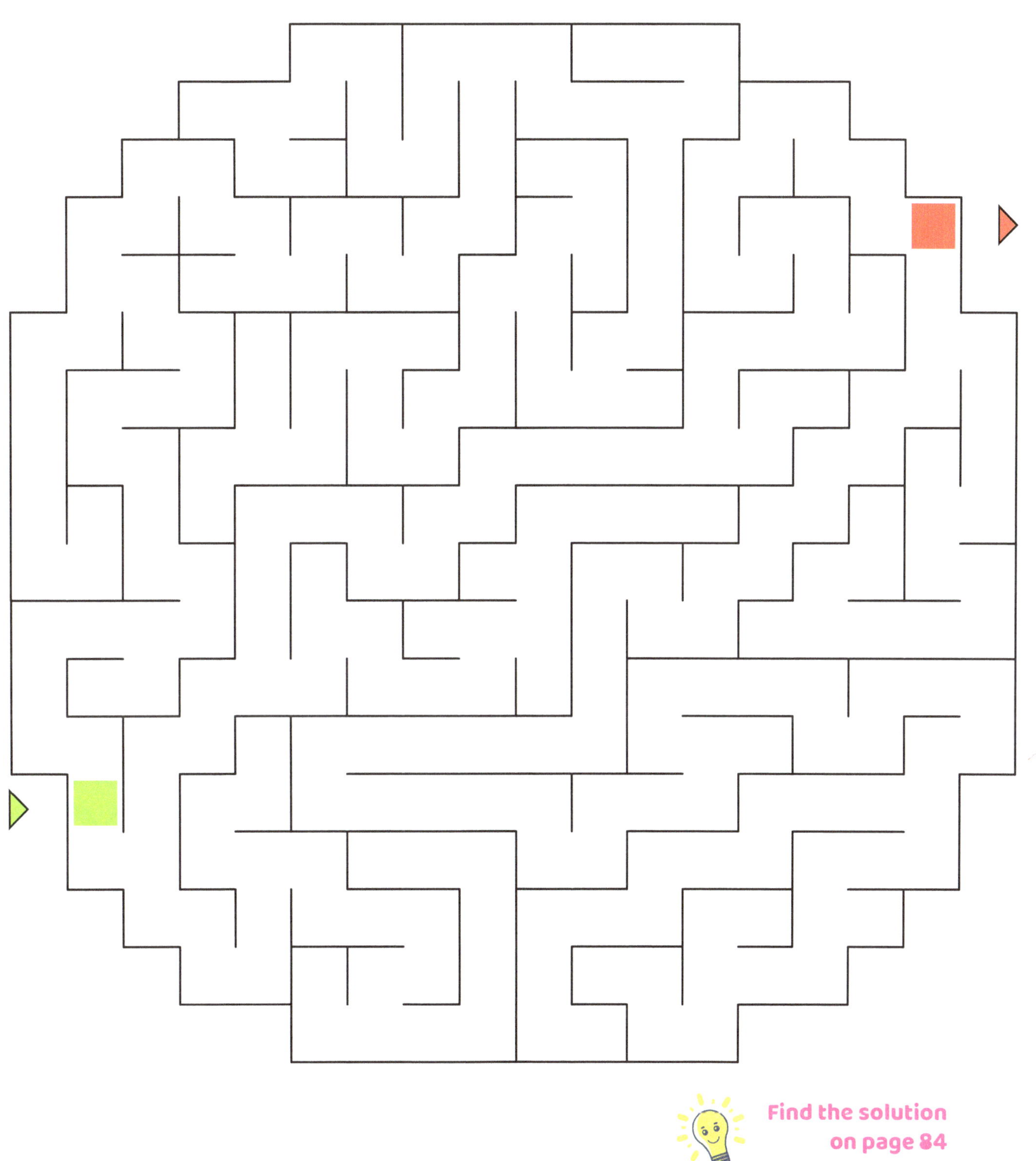

Find the solution
on page 84

Enjoy adding Colour

Maze Level: Easy   Maze Number: 5

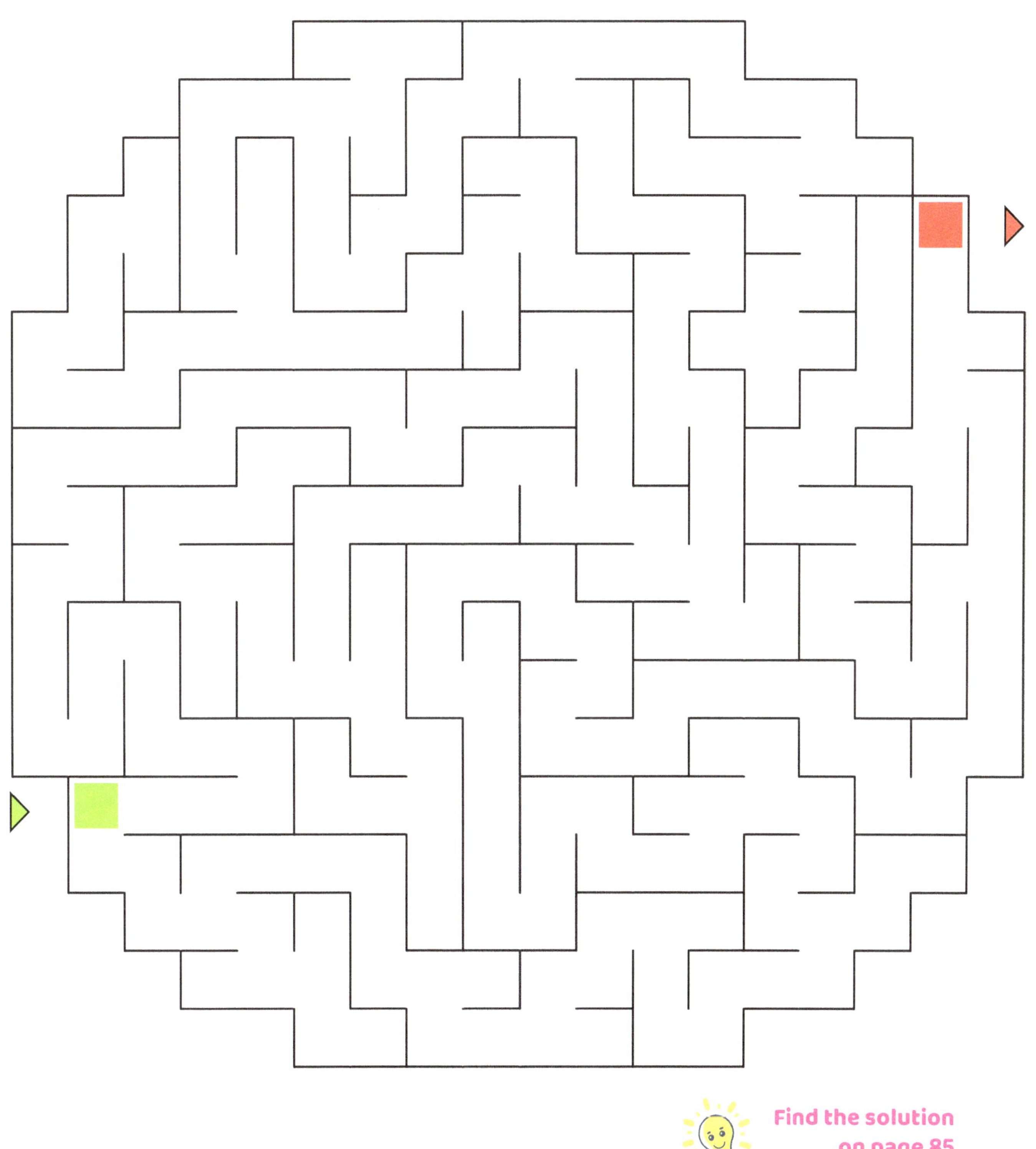

Enjoy adding Colour

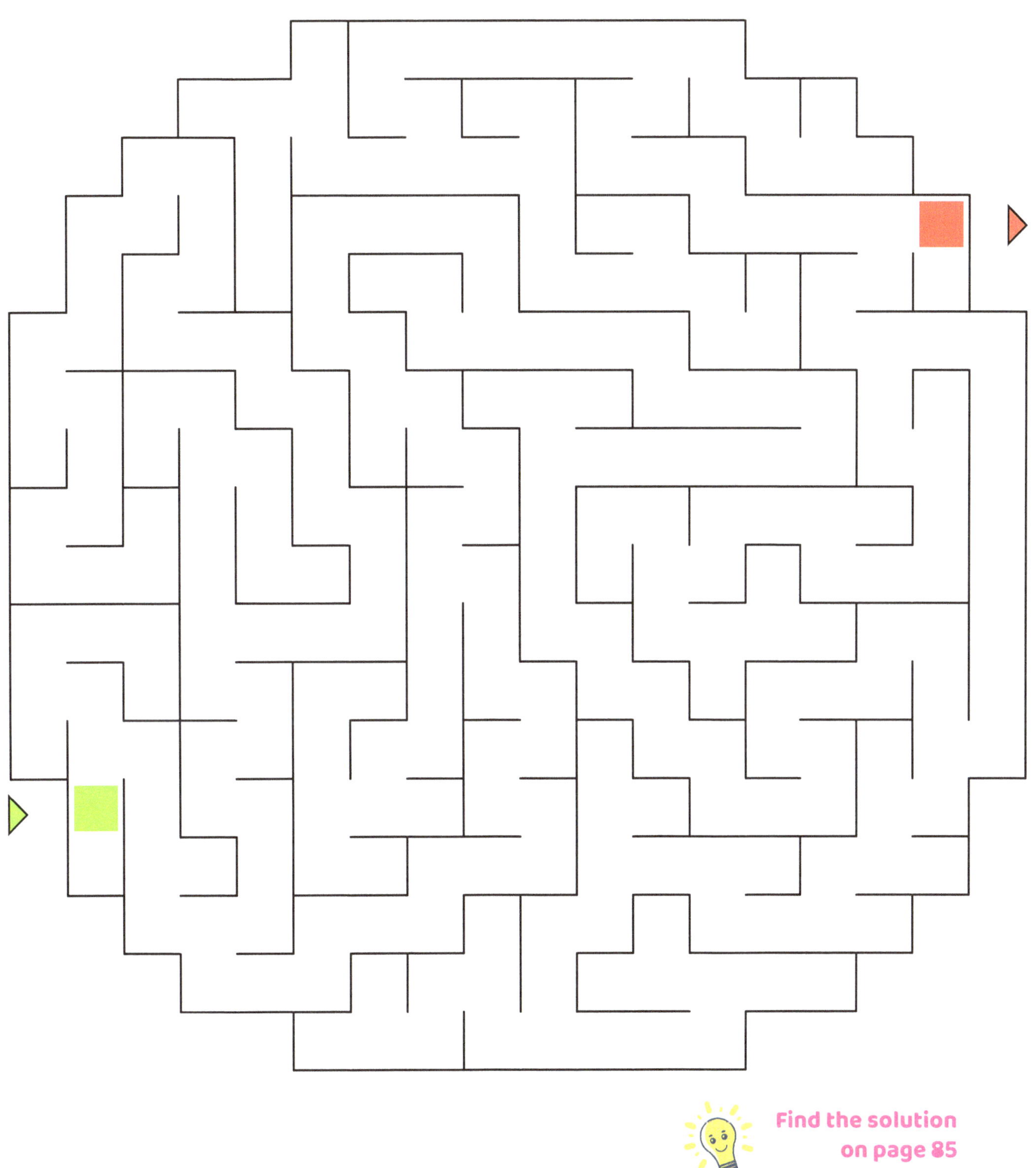

Find the solution
on page 85

Maze Level: **Easy**   Maze Number: **7**

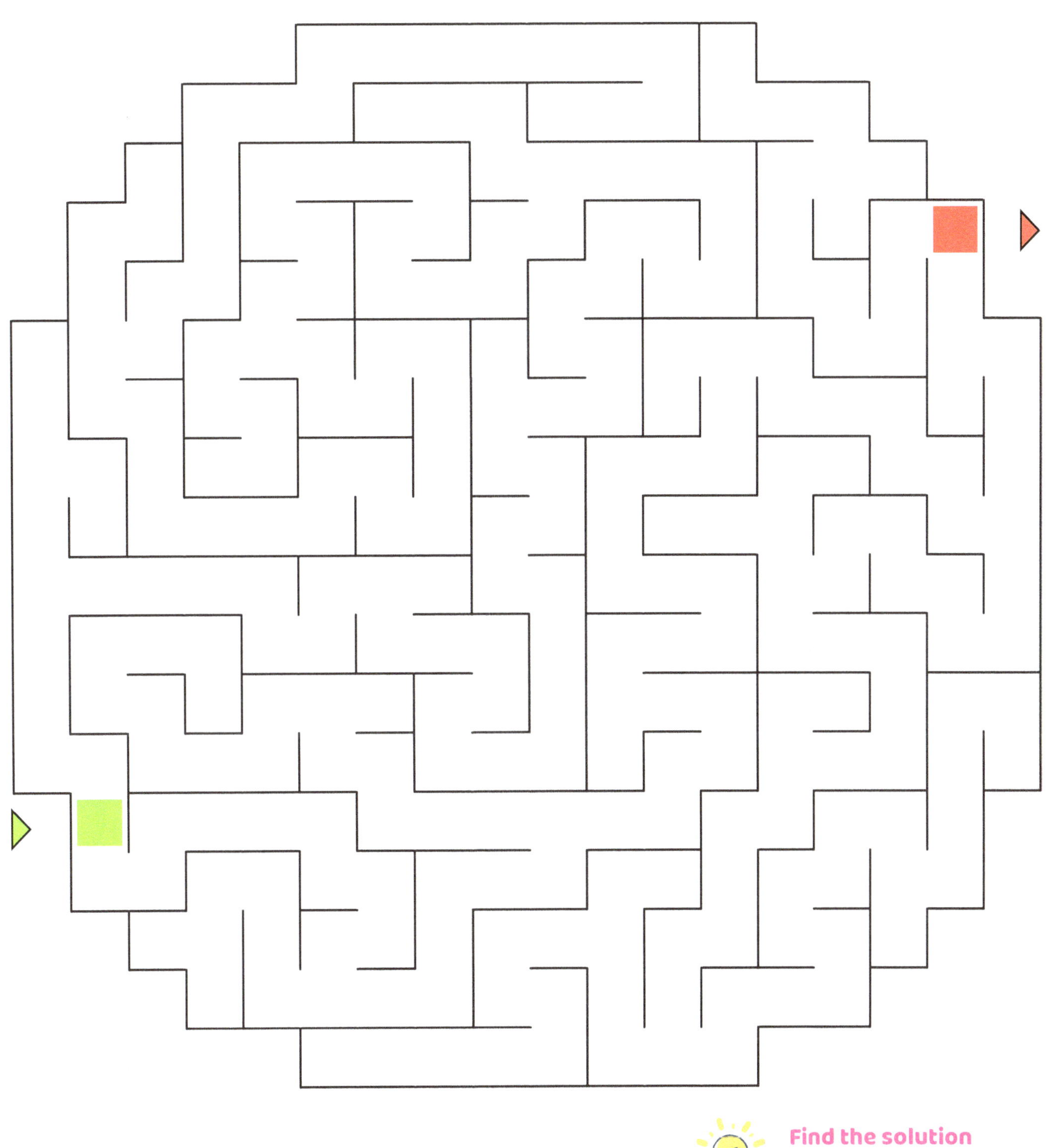

Find the solution on page 85

Maze Level: Easy   Maze Number: 8

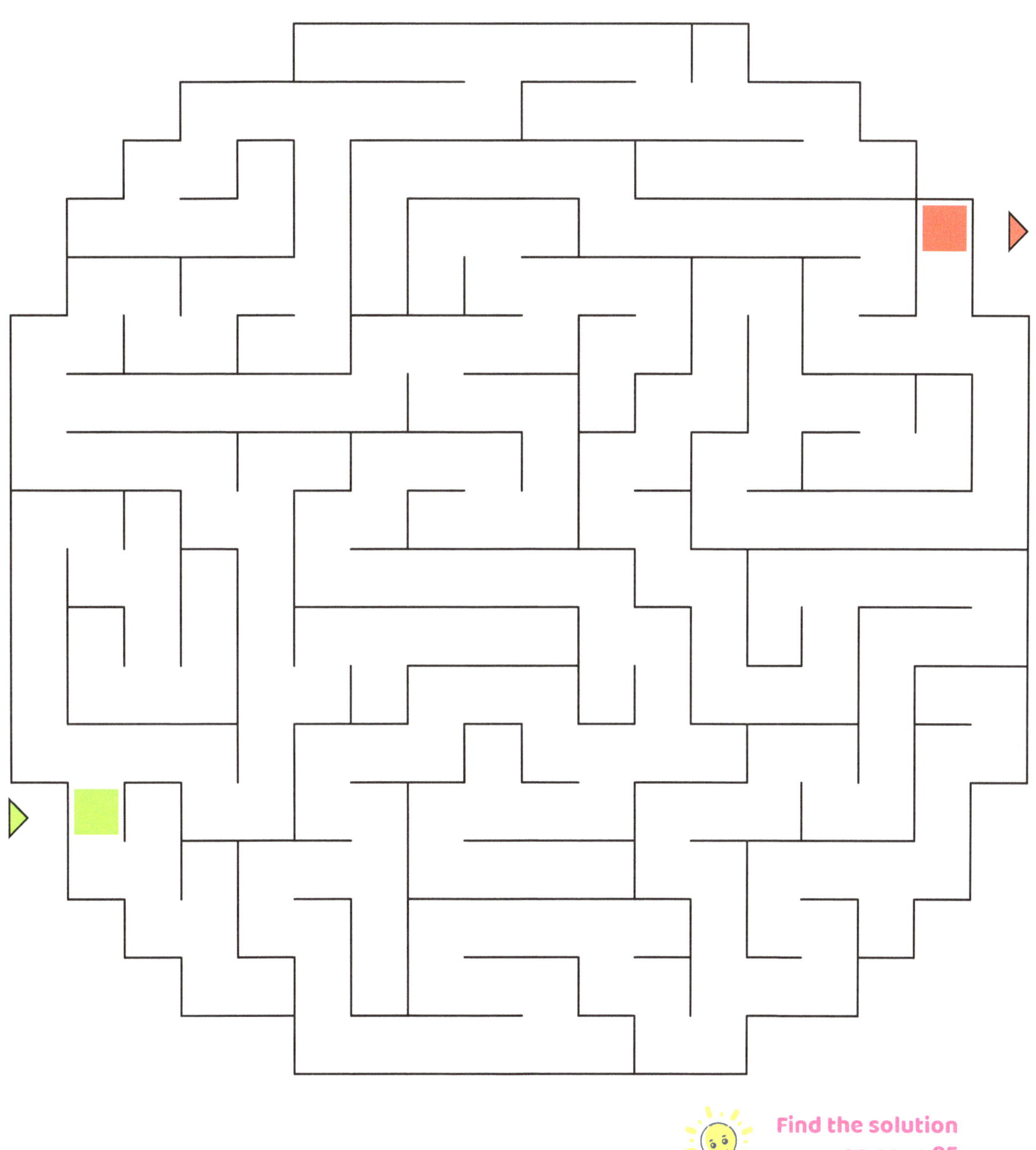

Find the solution on page 85

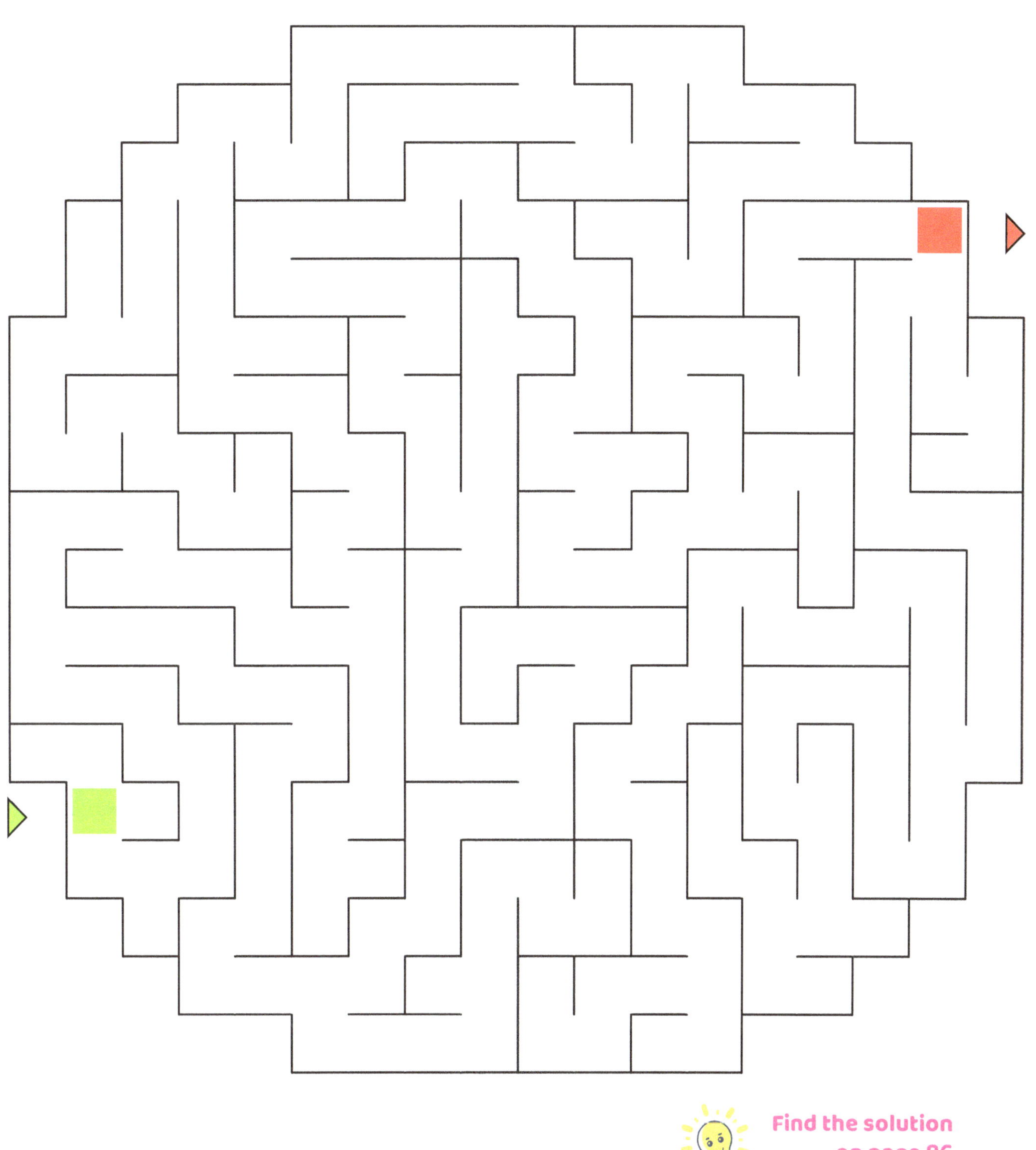

Find the solution
on page 86

Maze Level: Easy   Maze Number: 10

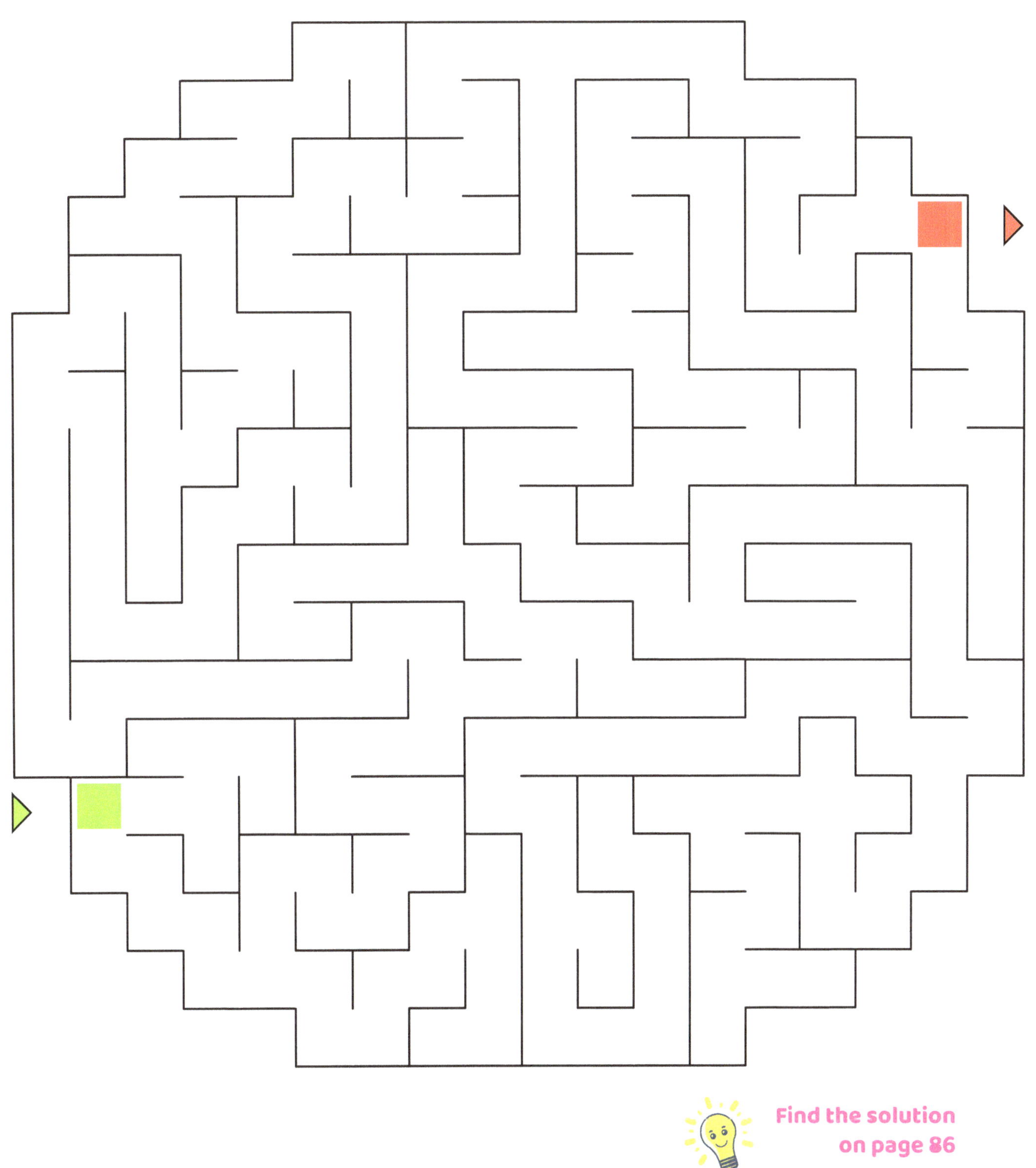

Enjoy adding Colour

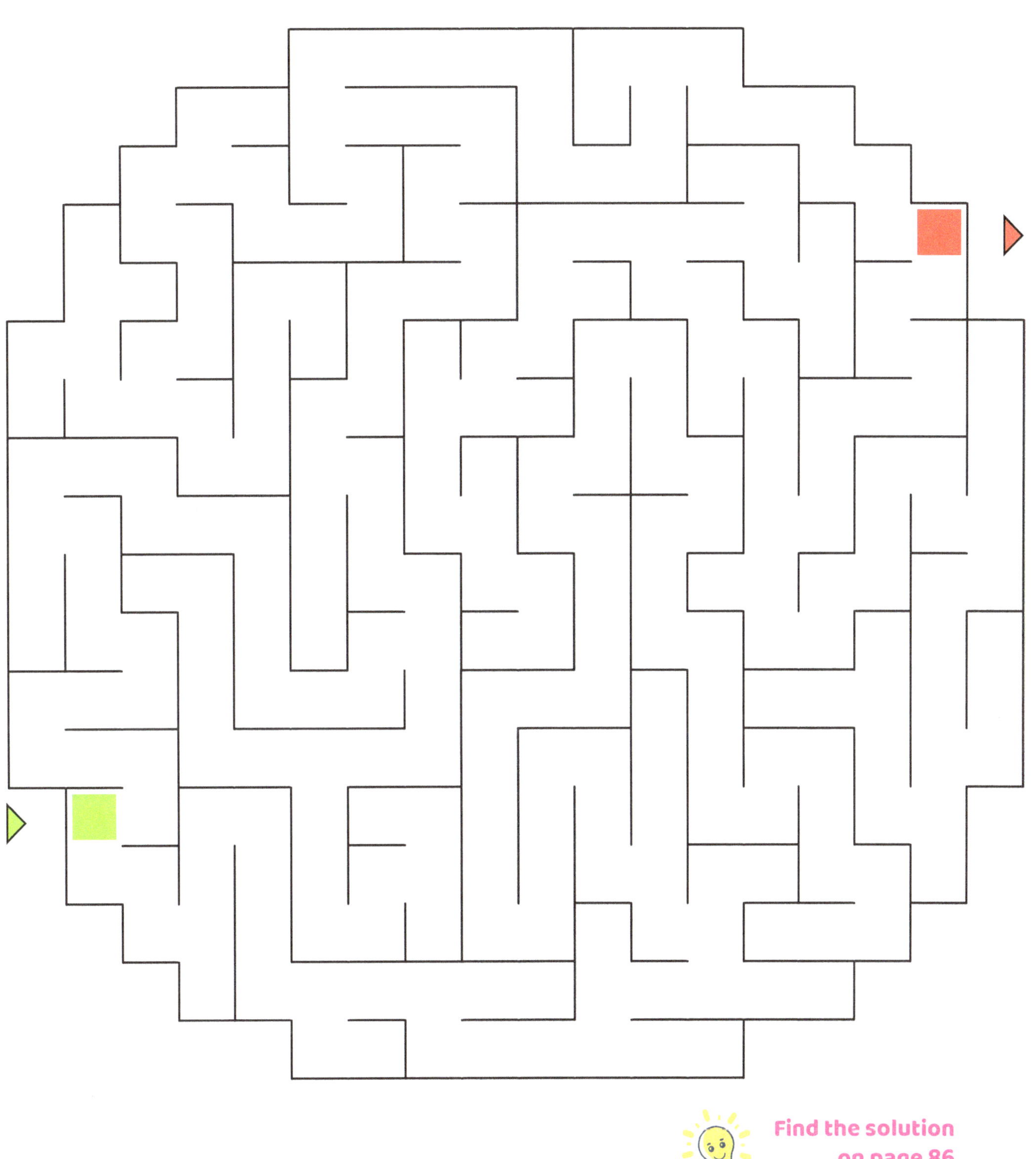

Find the solution
on page 86

Enjoy adding Colour

24

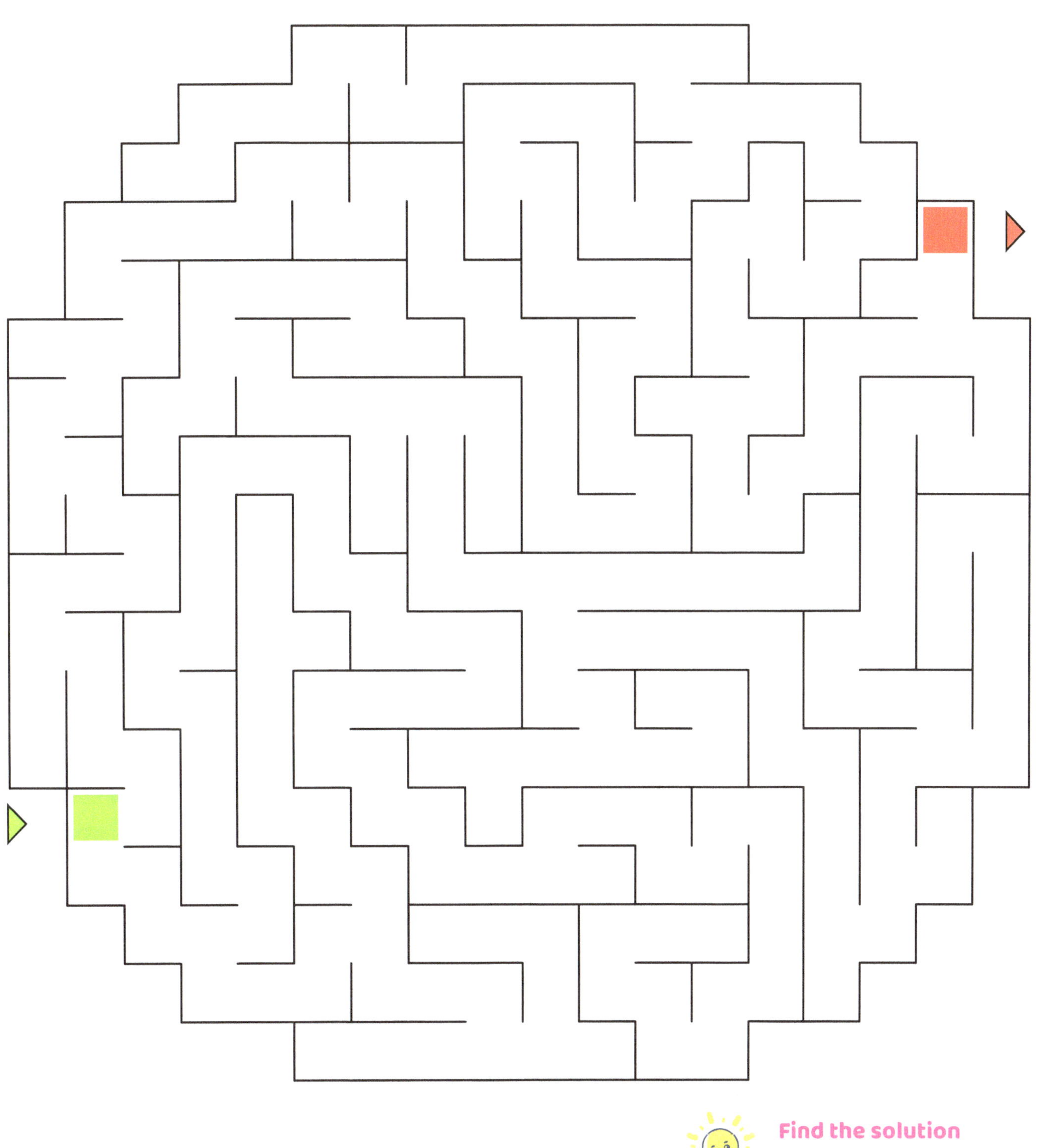

Find the solution
on page 86

Enjoy adding Colour

Maze Level: Easy   Maze Number: 13

Enjoy adding Colour

28

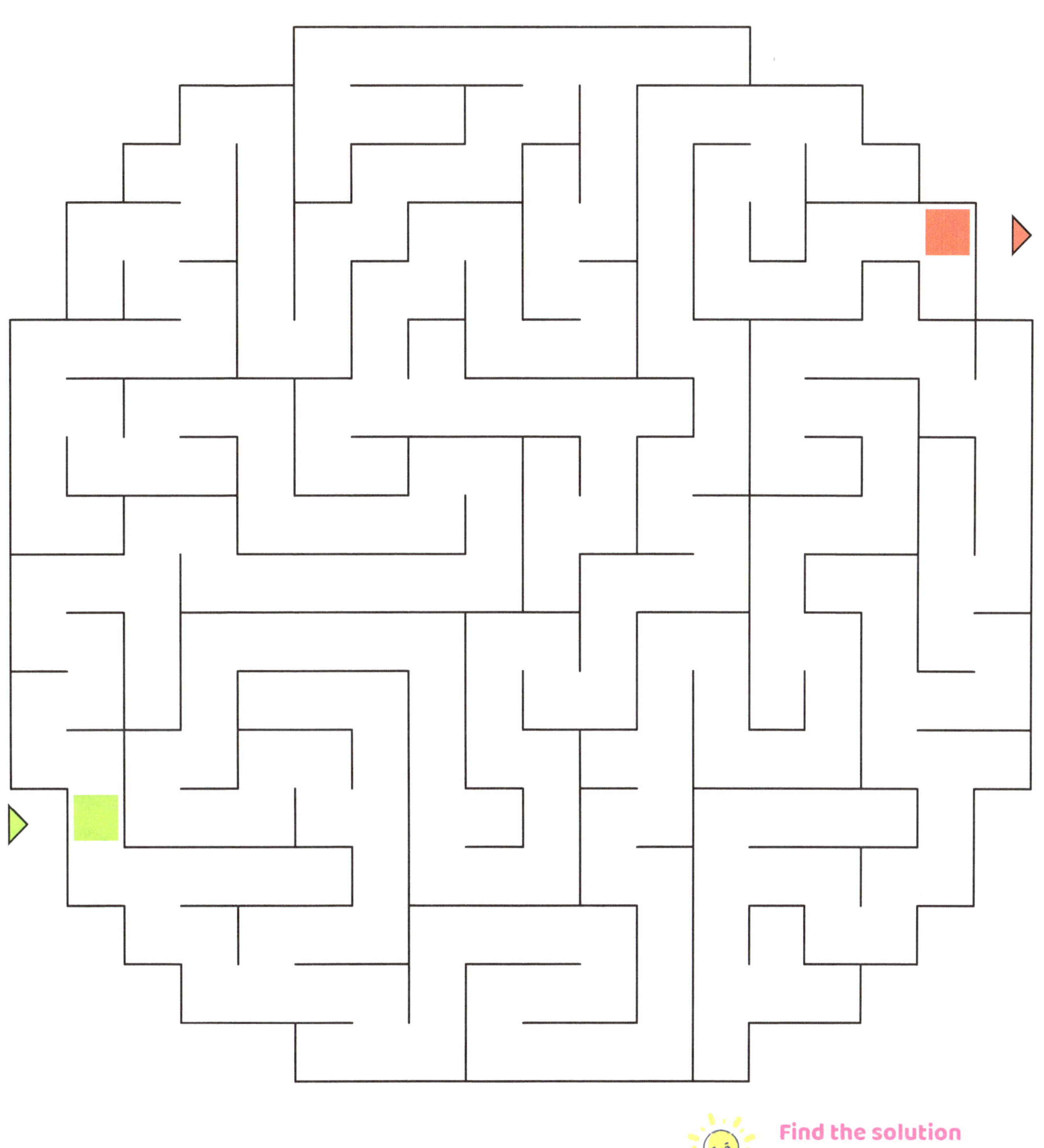

Find the solution on page 87

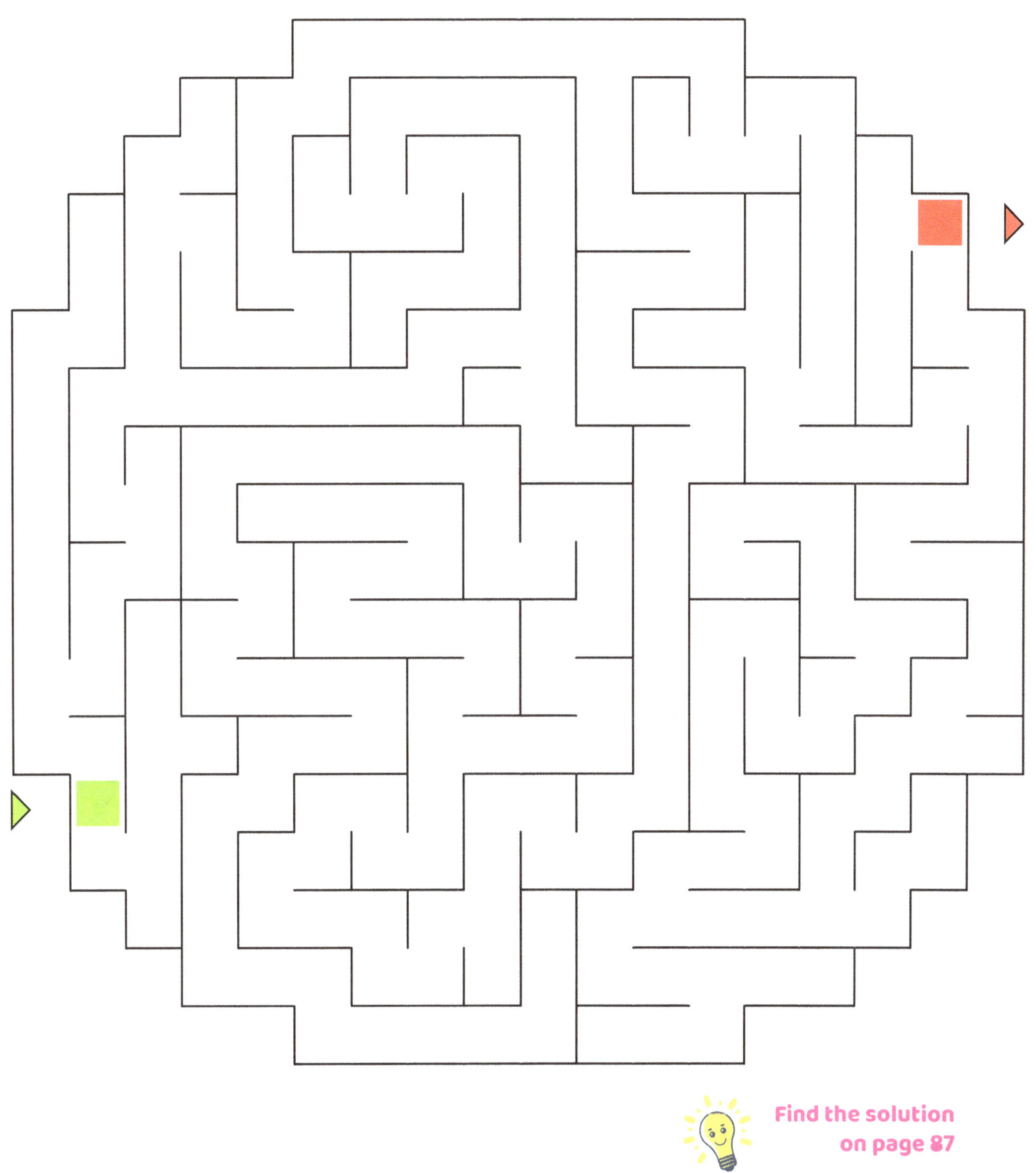

Find the solution
on page 87

Enjoy adding Colour

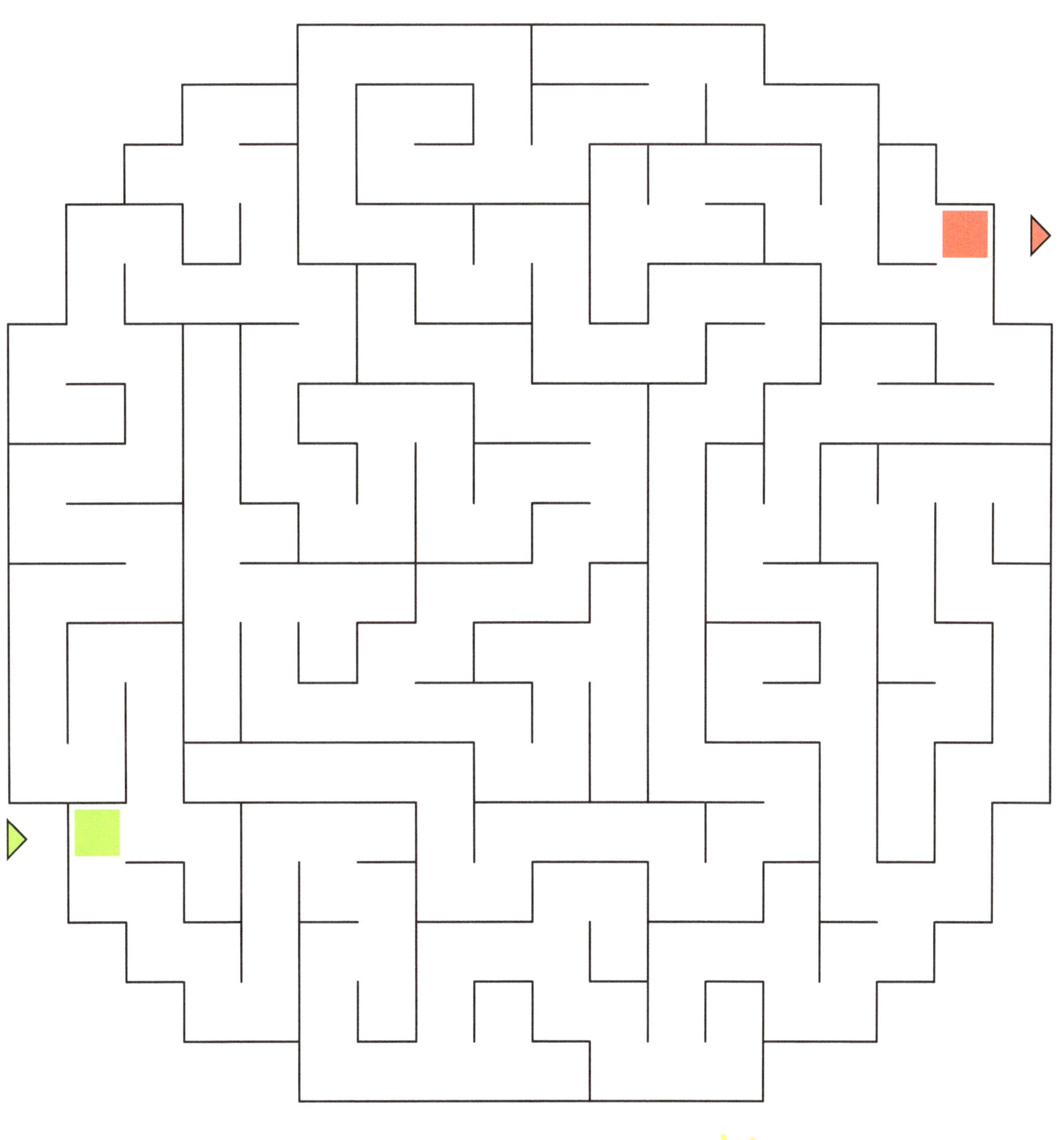

Find the solution
on page 87

Enjoy adding Colour

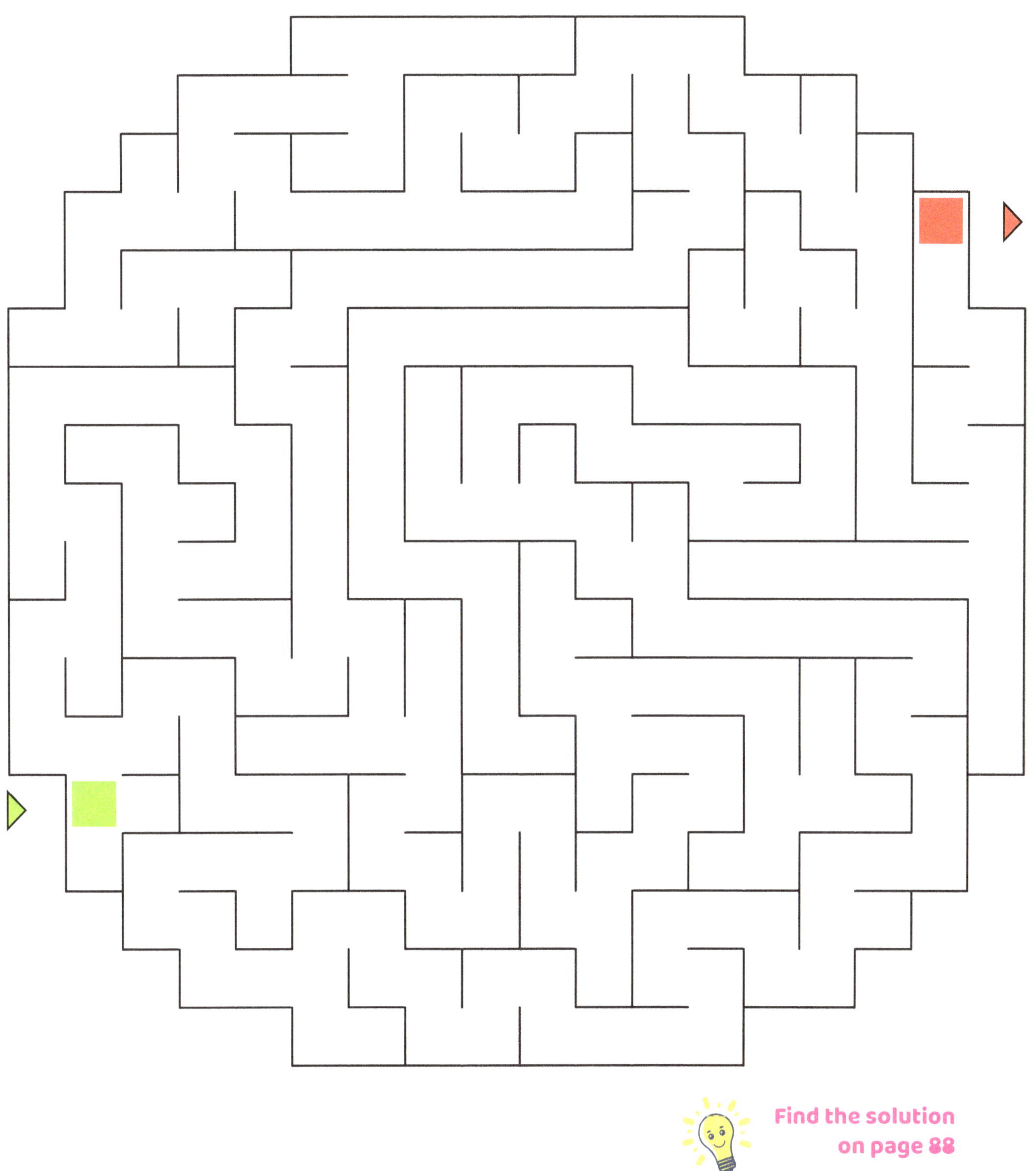

Find the solution
on page 88

Enjoy adding Colour

Maze Level: **Easy**   Maze Number: **18**

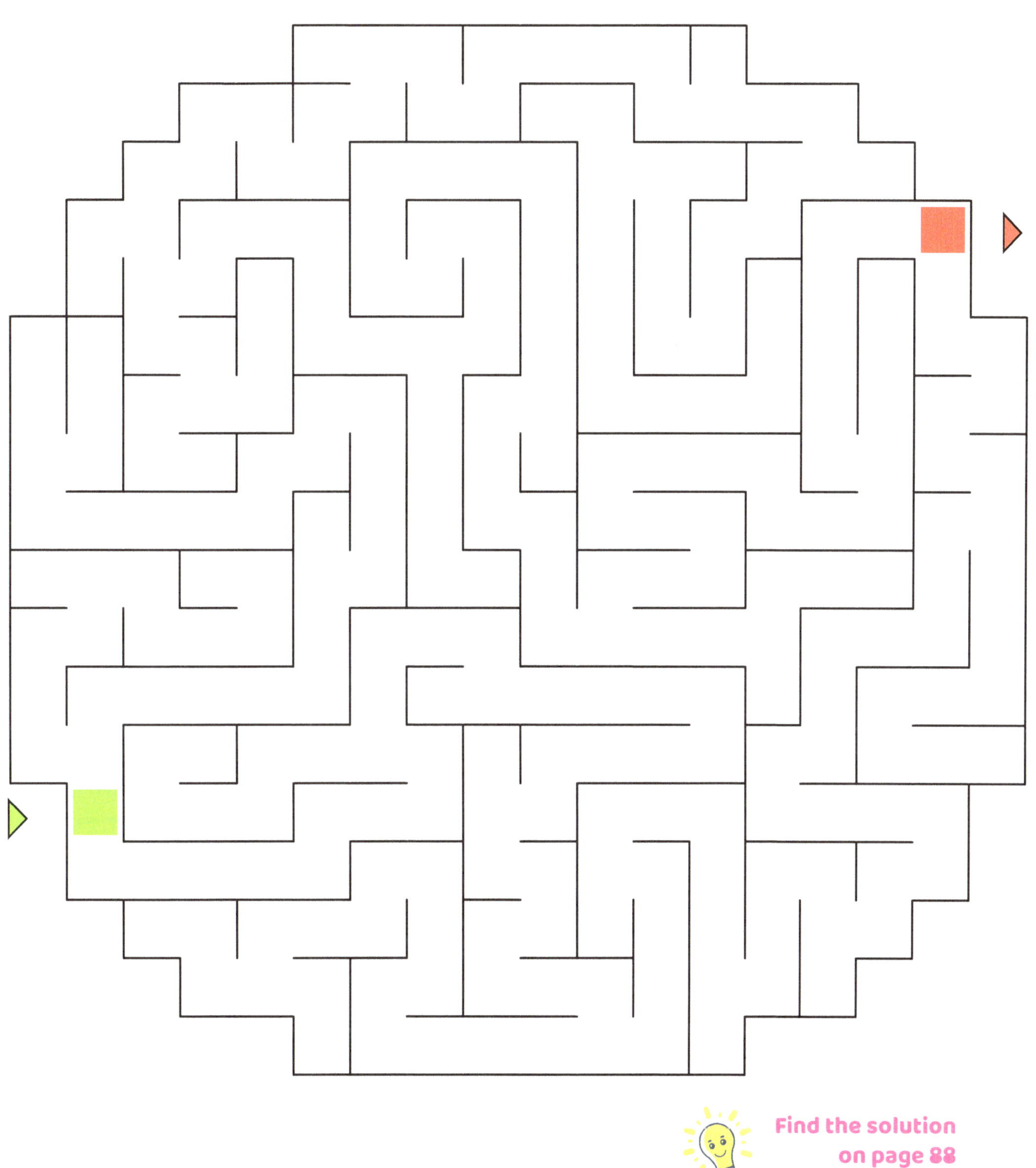

Enjoy adding Colour

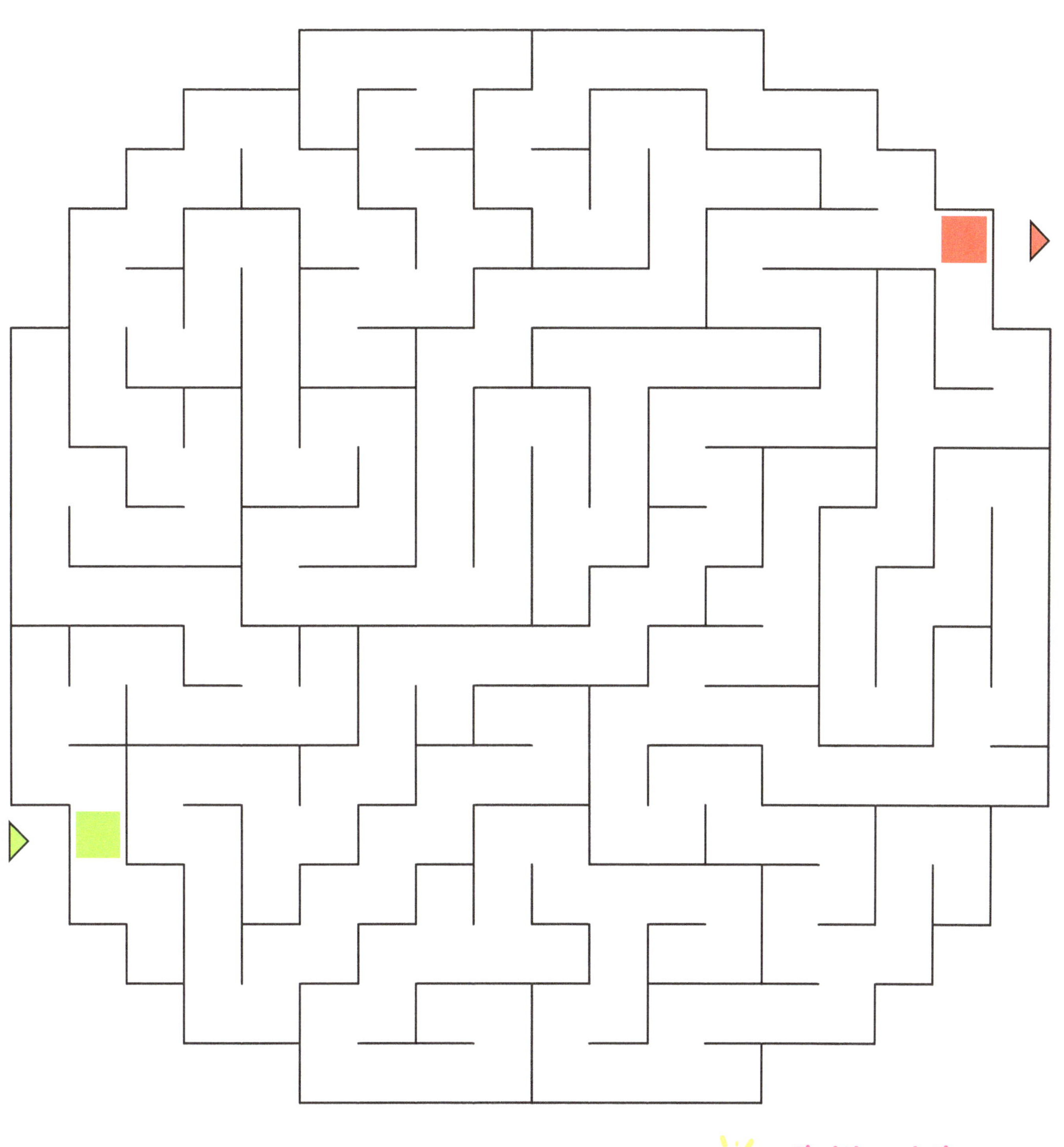

Find the solution on page 88

Enjoy adding Colour

Maze Level: Easy   Maze Number: 20

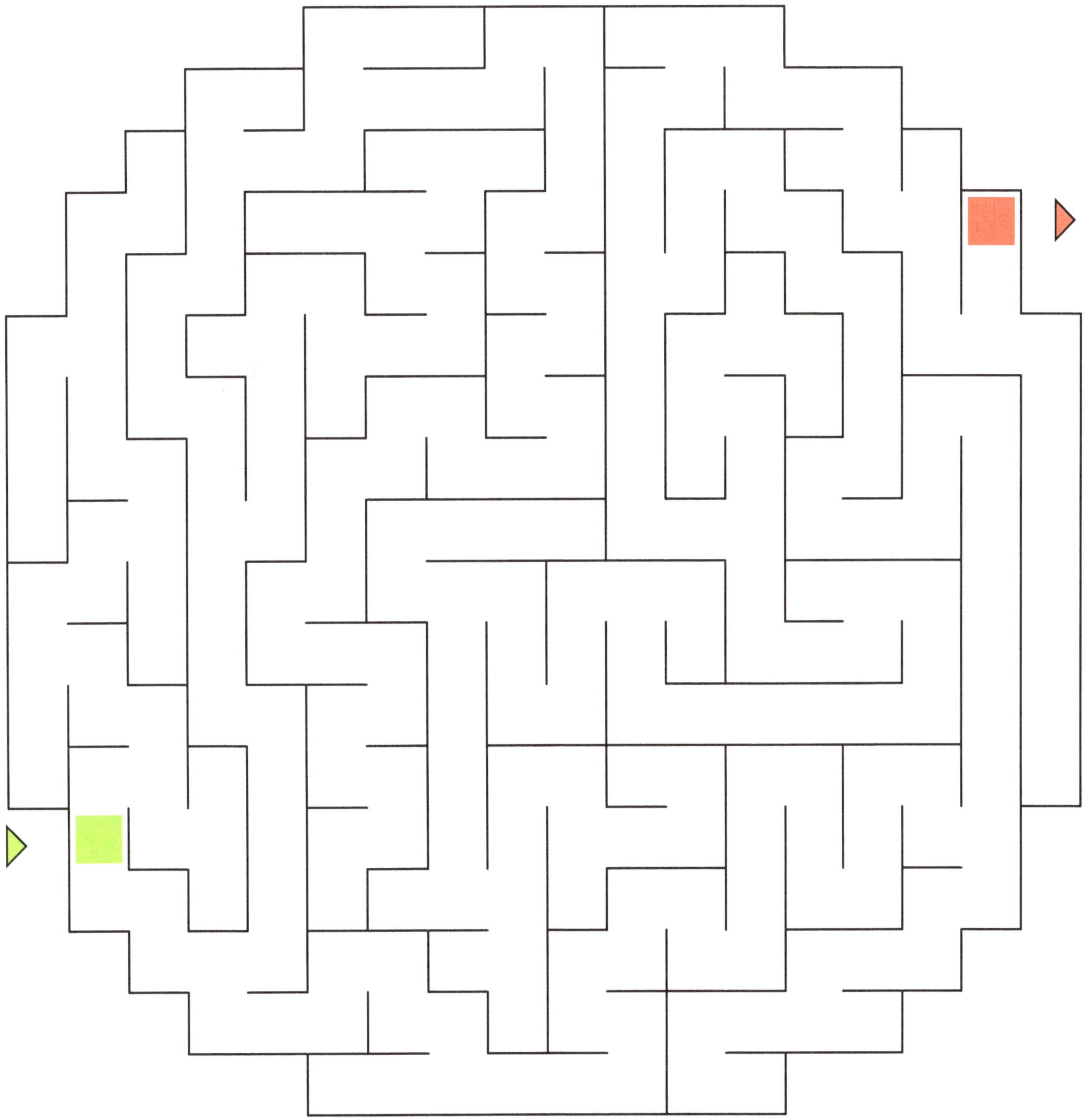

Enjoy adding Colour

Find the solution on page 89

Enjoy adding Colour

Maze Level: **Hard**   Maze Number: **22**

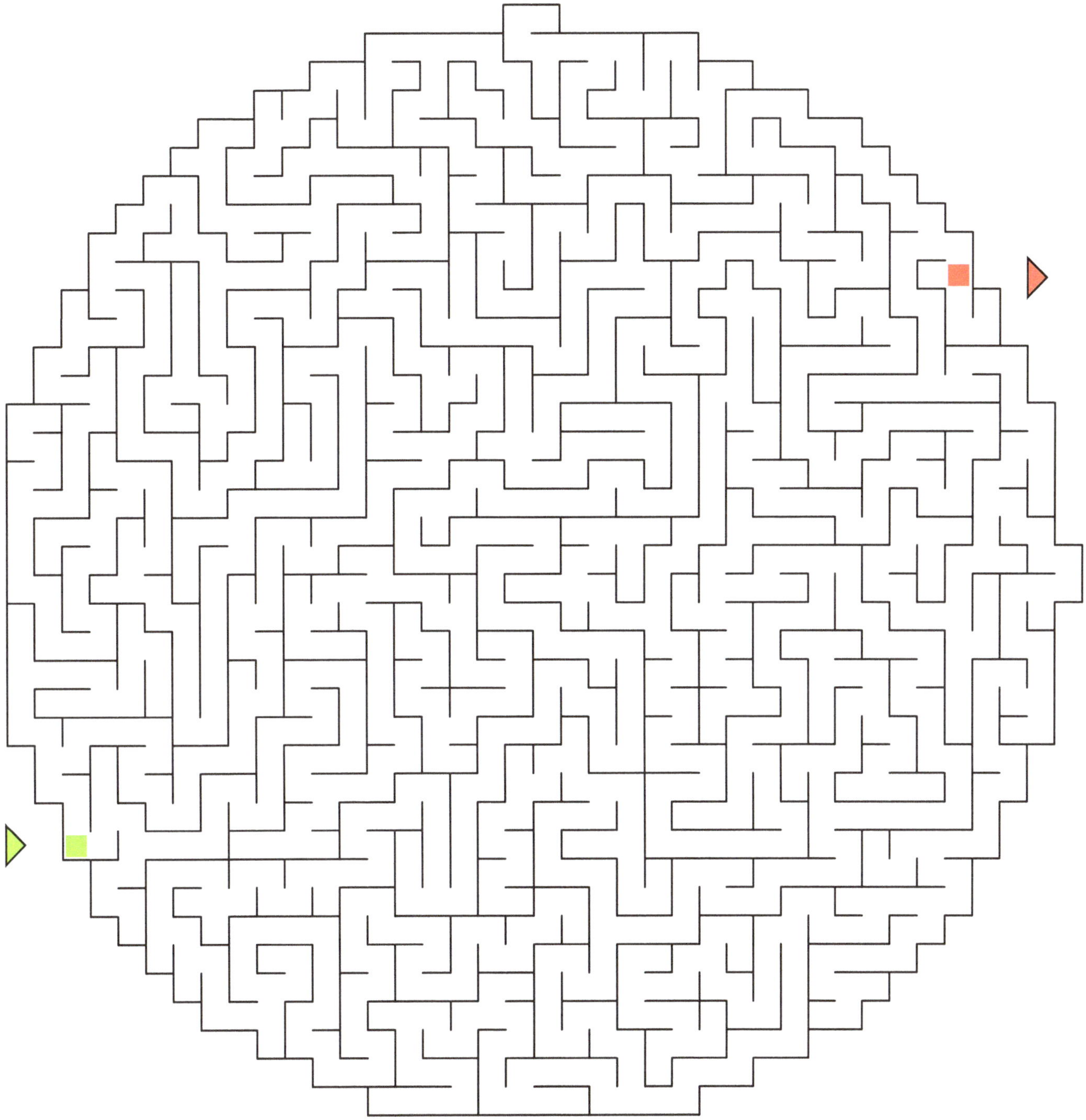

Enjoy adding Colour

Find the solution on page 89

Enjoy adding Colour

48

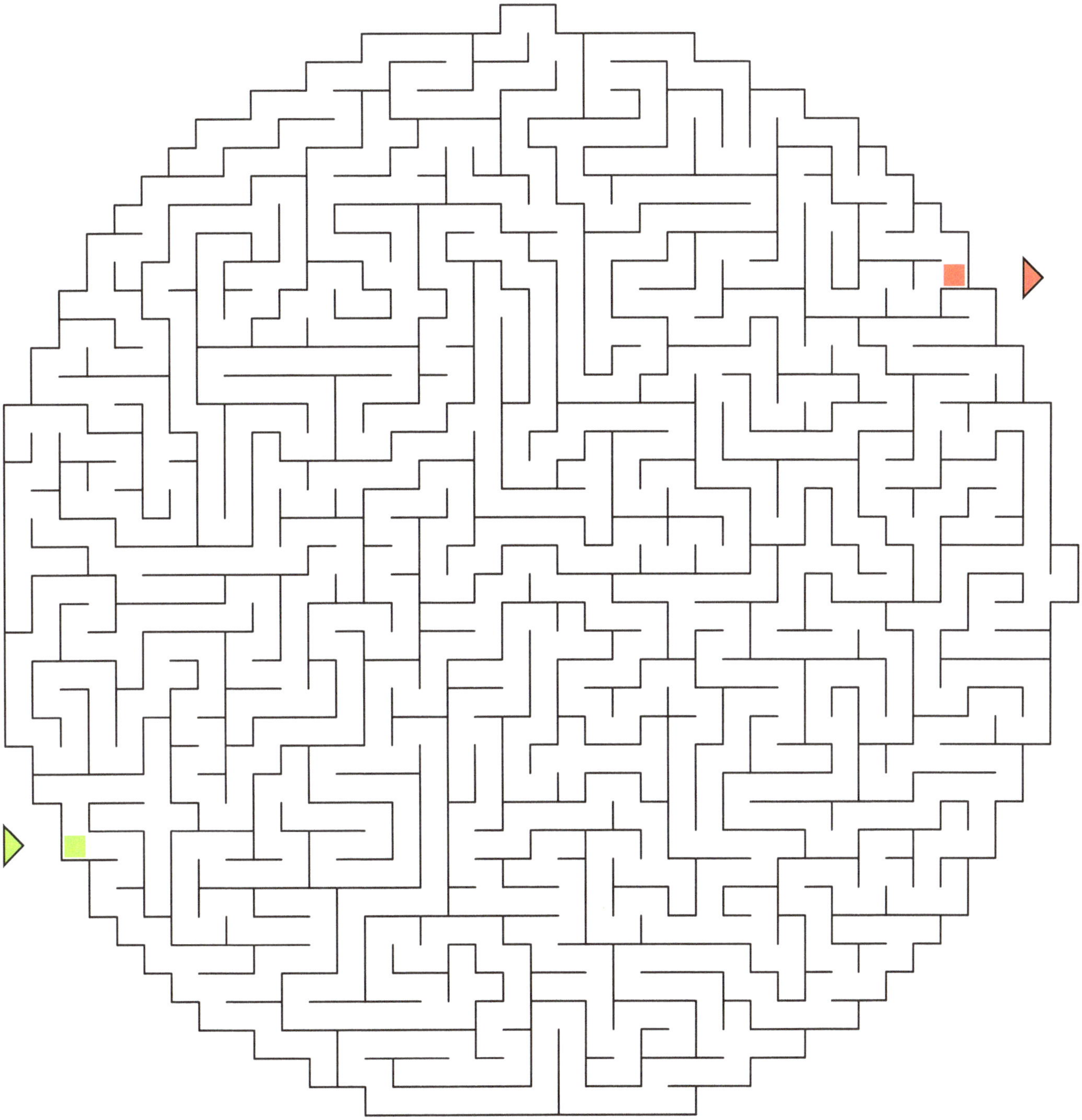

Find the solution
on page 89

Maze Level: Hard   Maze Number: 25

Find the solution
on page 90

Enjoy adding Colour

Maze Level: Hard **Maze Number: 26**

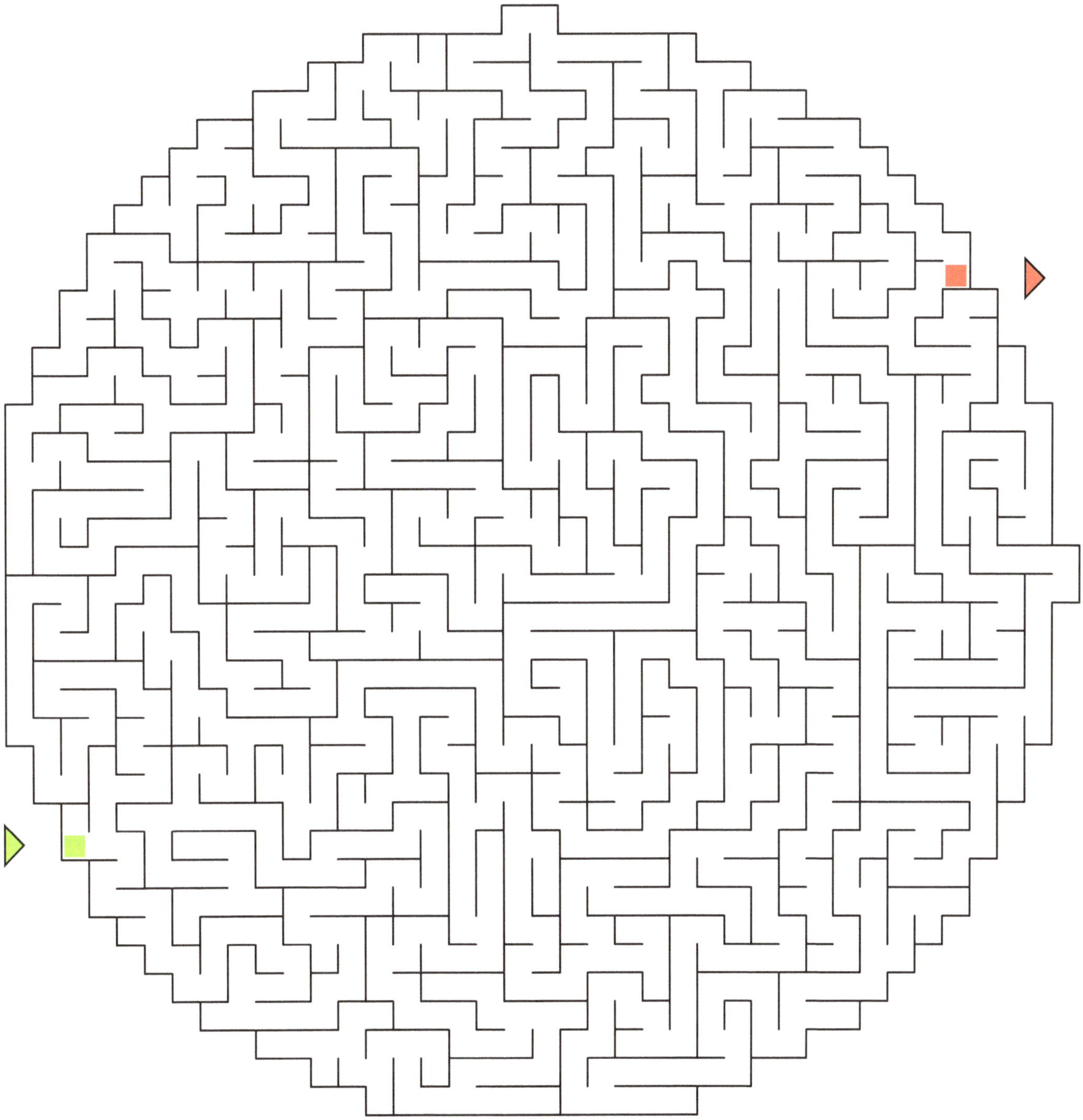

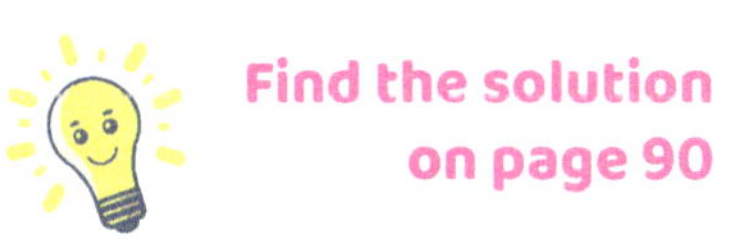

Find the solution
on page 90

Enjoy adding Colour

Maze Level: **Hard**

Maze Number: **27**

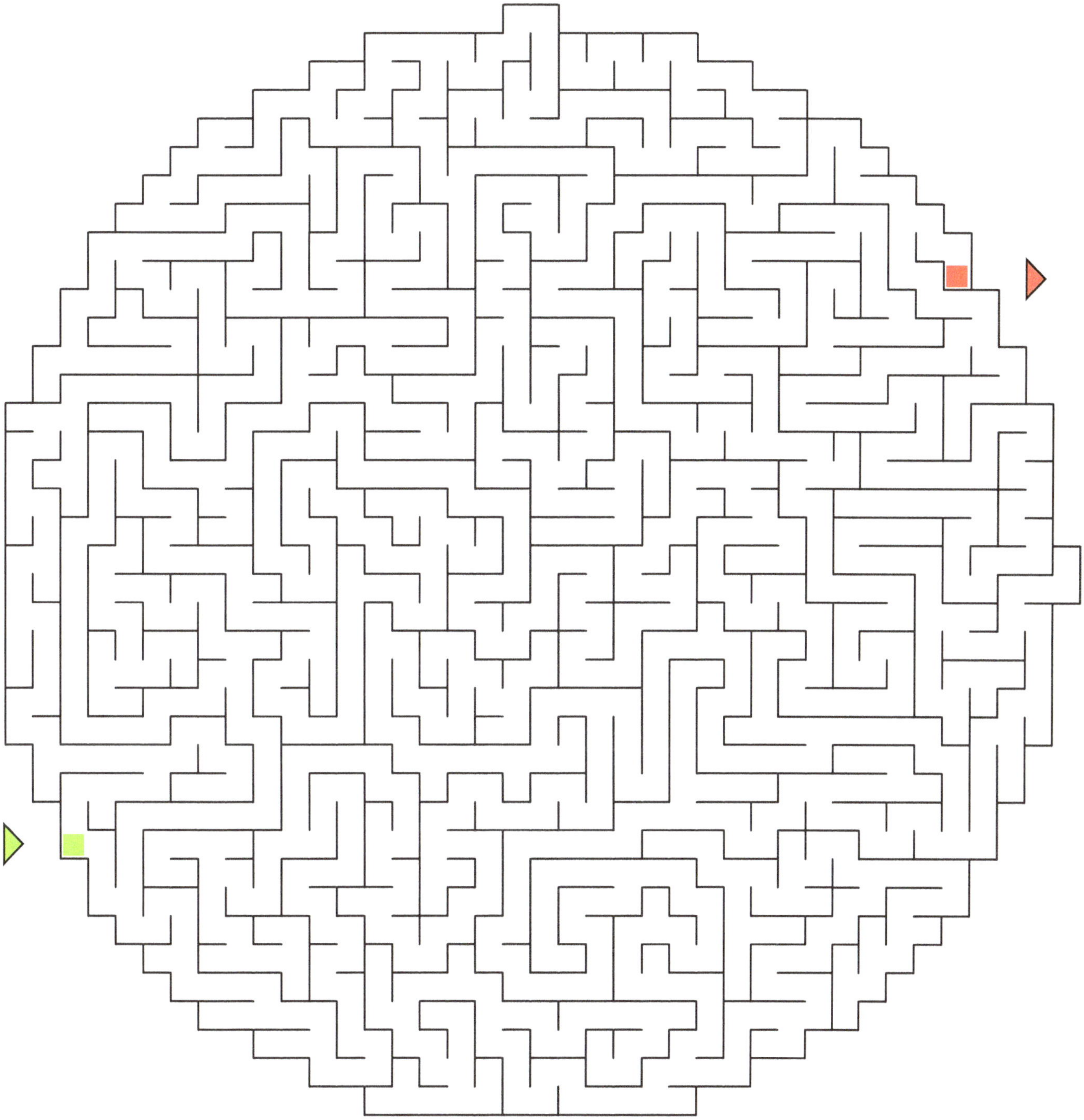

Maze Level: **Hard**   Maze Number: **28**

Find the solution on page 90

Enjoy adding Colour

Maze Level: **Hard**   Maze Number: **29**

Find the solution on page 91

Enjoy adding Colour

62

Maze Level: Hard   Maze Number: 31

Find the solution on page 91

Enjoy adding Colour

Maze Level: **Hard**   Maze Number: **32**

Enjoy adding Colour

Maze Level: Hard   Maze Number: 33

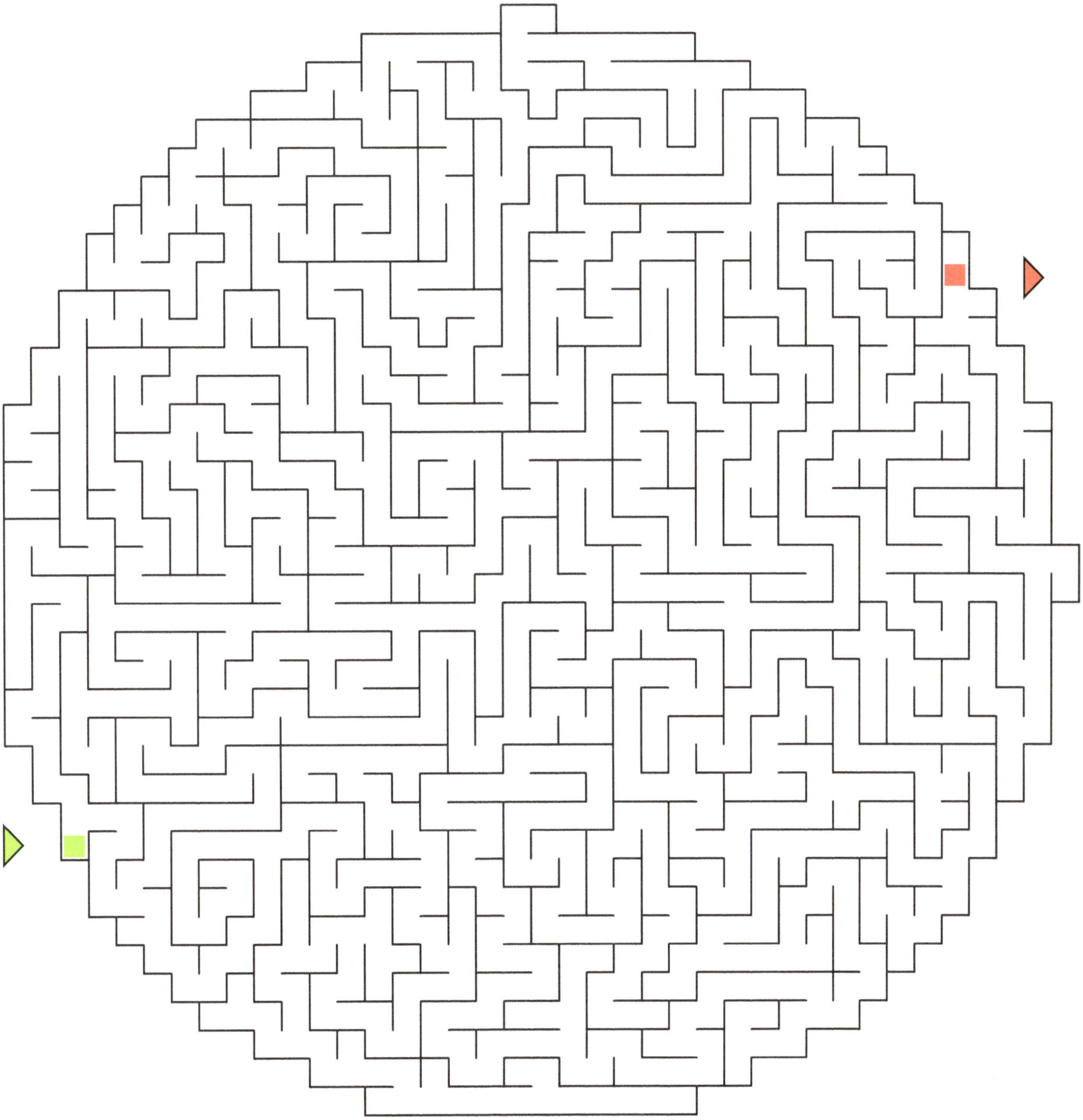

Find the solution on page 92

Maze Level: **Hard**   Maze Number: **34**

Enjoy adding Colour

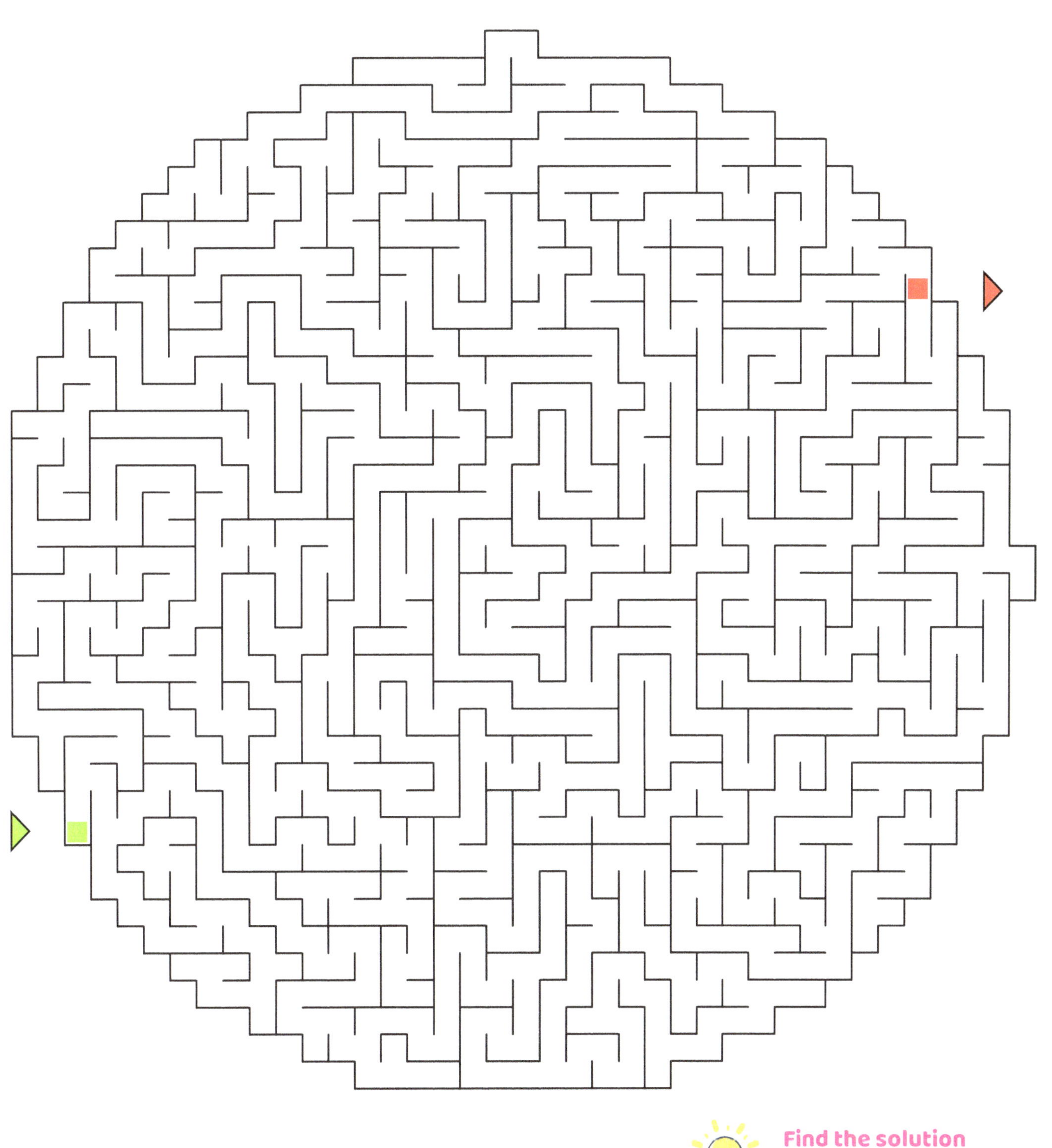

Find the solution on page 92

Find the solution on page 92

Maze Level: **Hard**   Maze Number: **37**

Find the solution
on page 93

Enjoy adding Colour

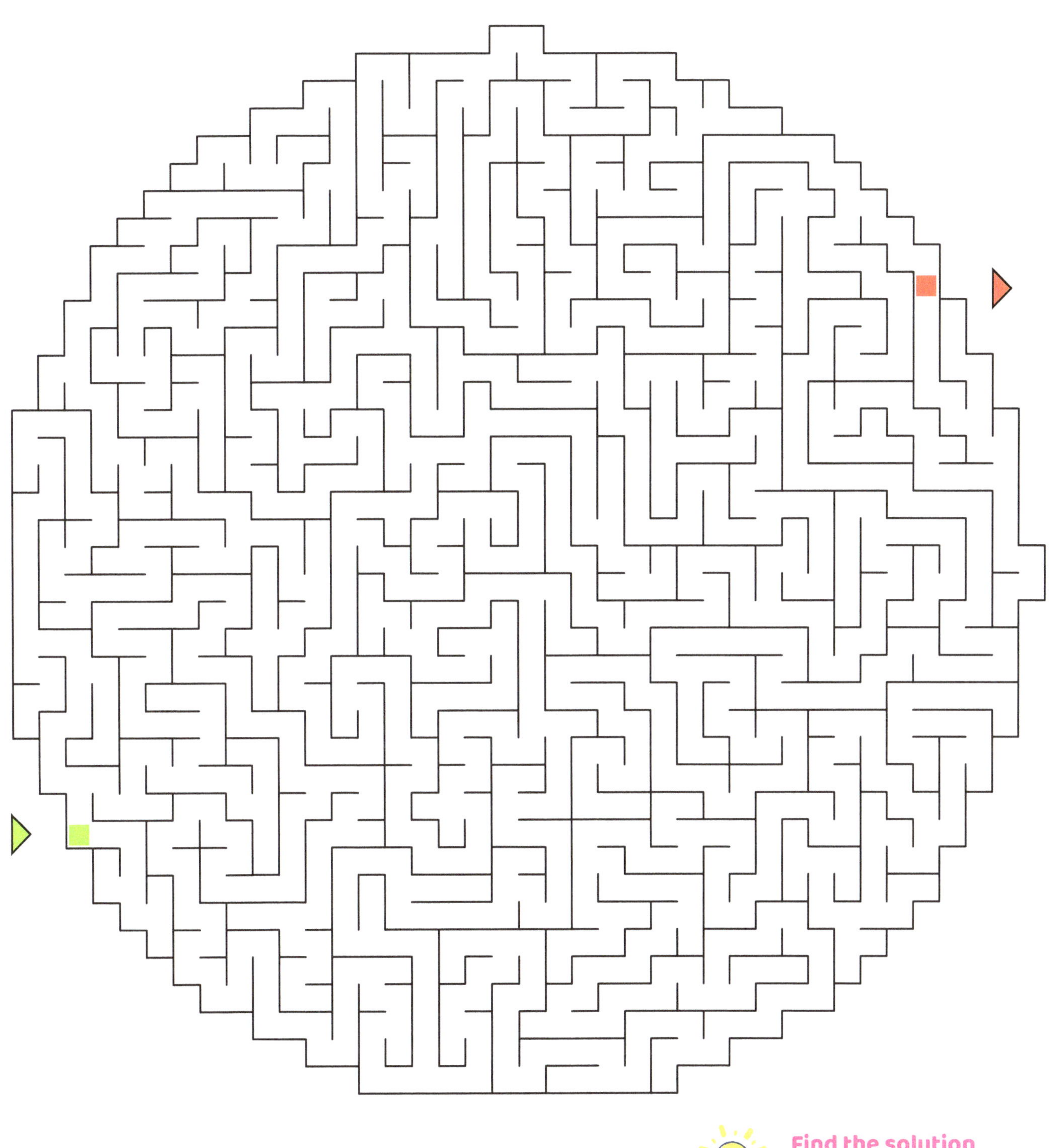

Find the solution
on page 93

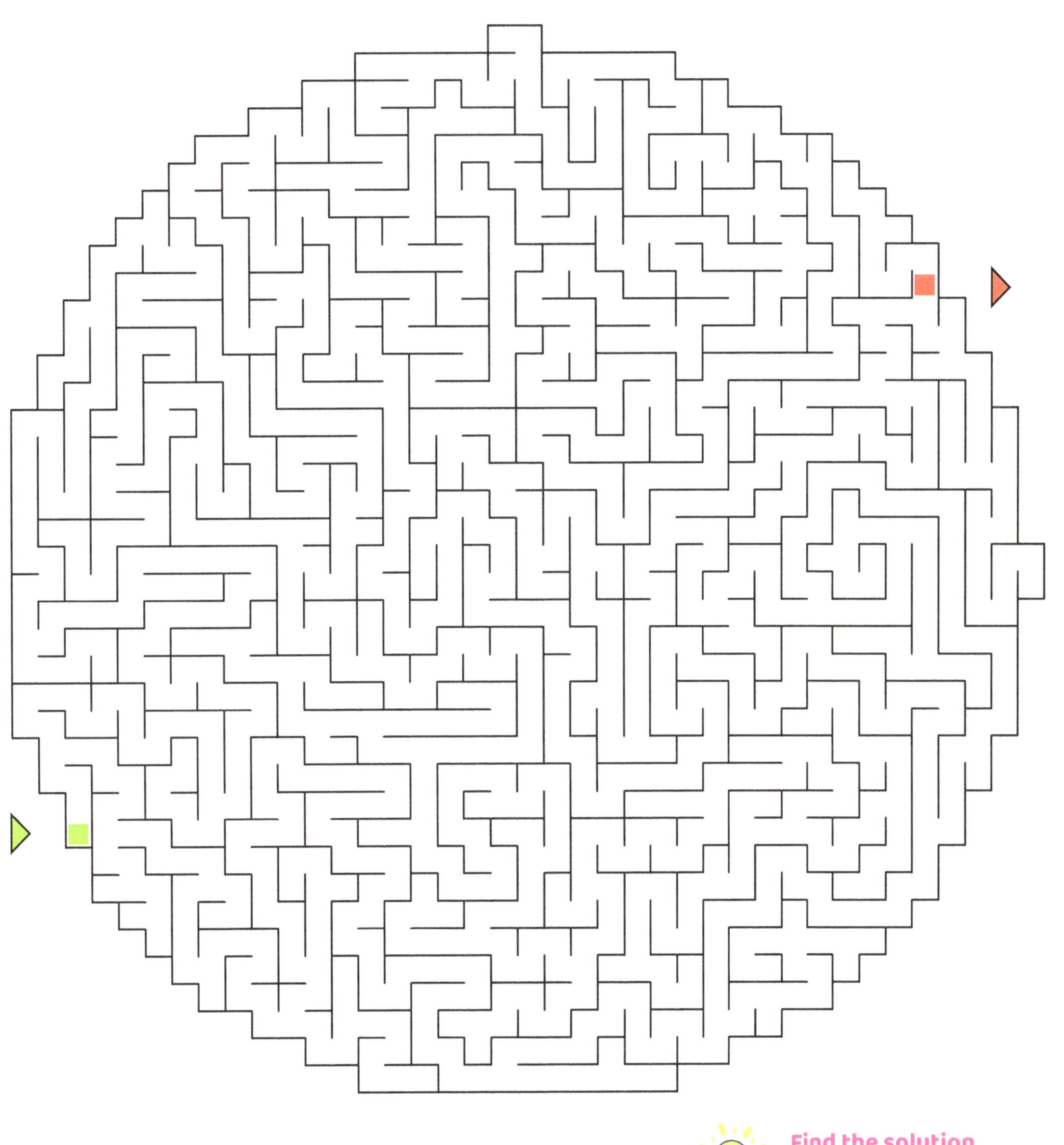

Find the solution
on page 93

Enjoy adding Colour

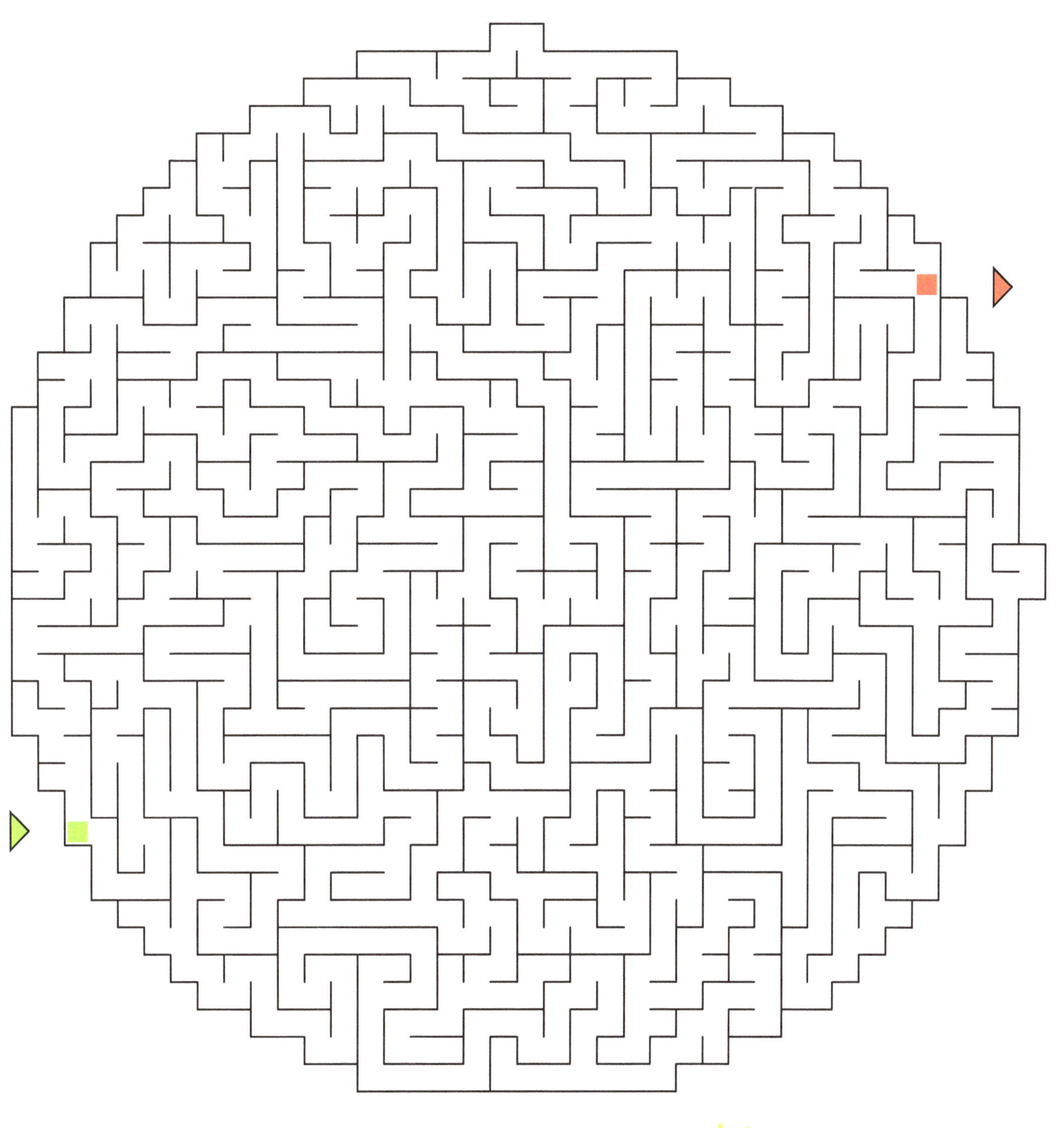

Find the solution on page 93

Enjoy adding Colour

Solutions

Solutions

Enjoy adding Colour

Maze Number: 1

Maze Number: 2

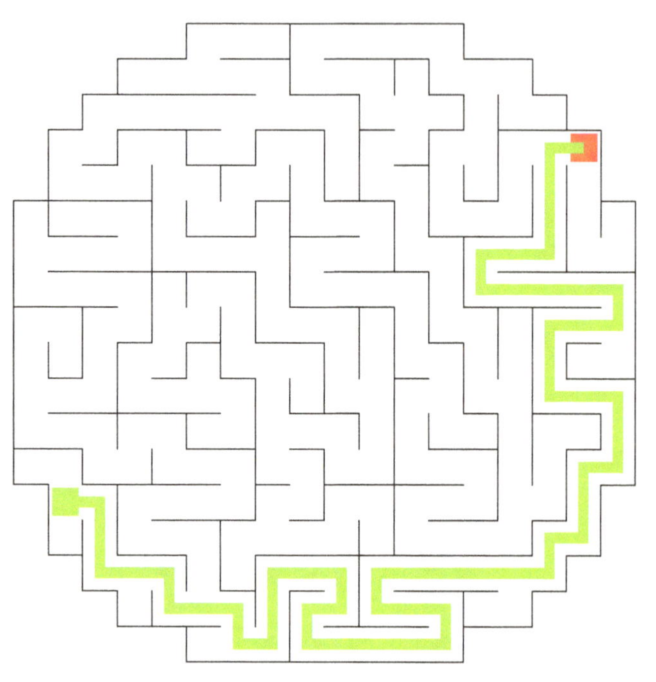

Maze Number: 3

Maze Number: 4

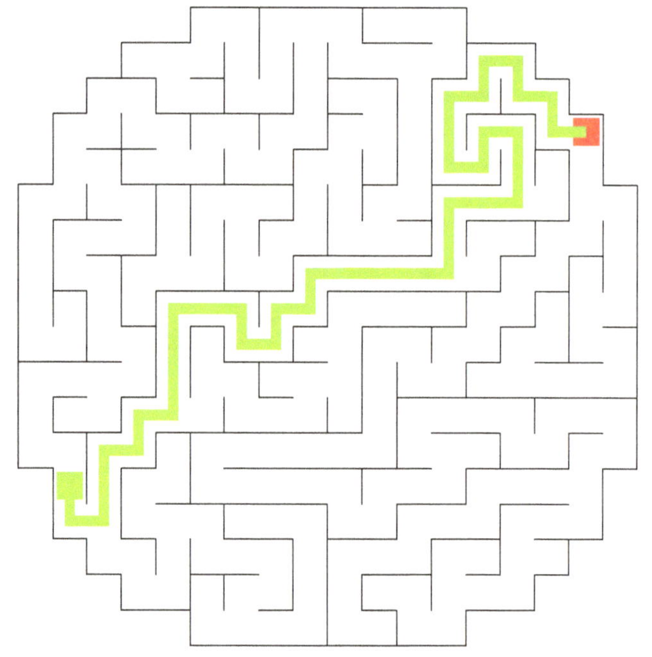

Solutions

Maze Number: 5

Maze Number: 6

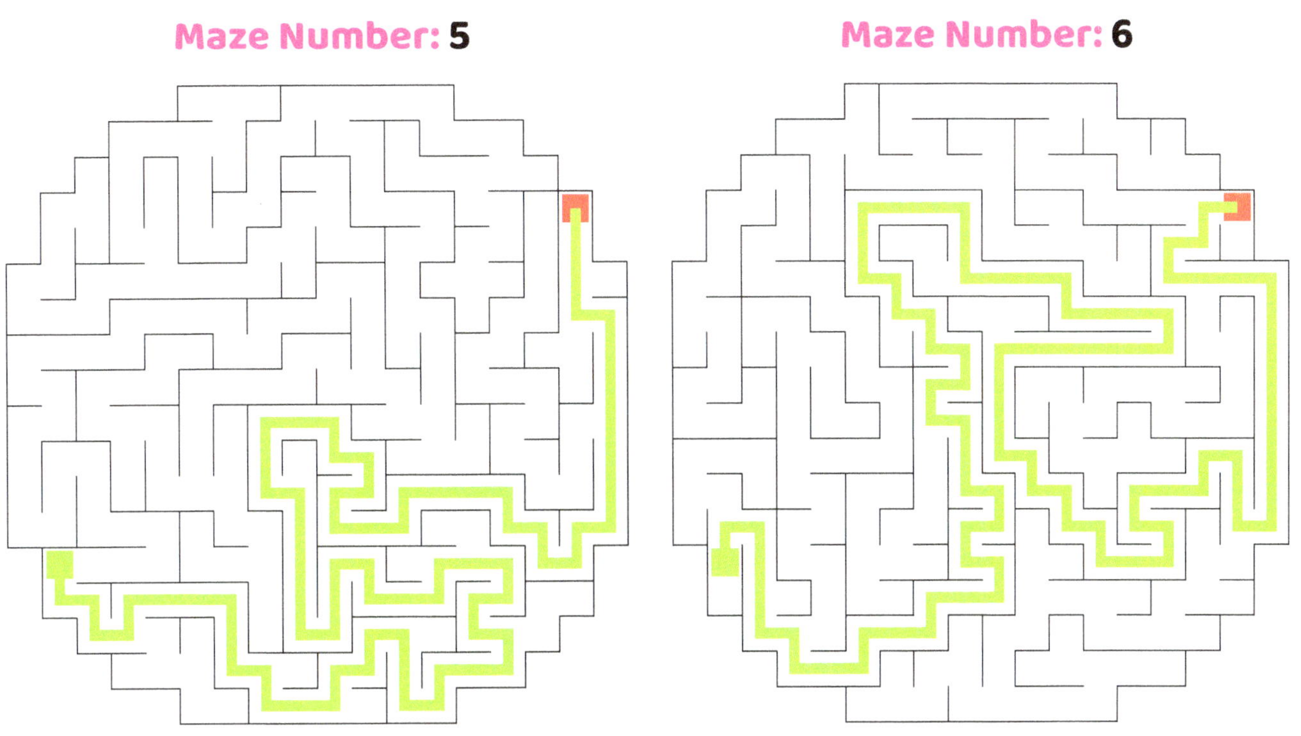

Maze Number: 7

Maze Number: 8

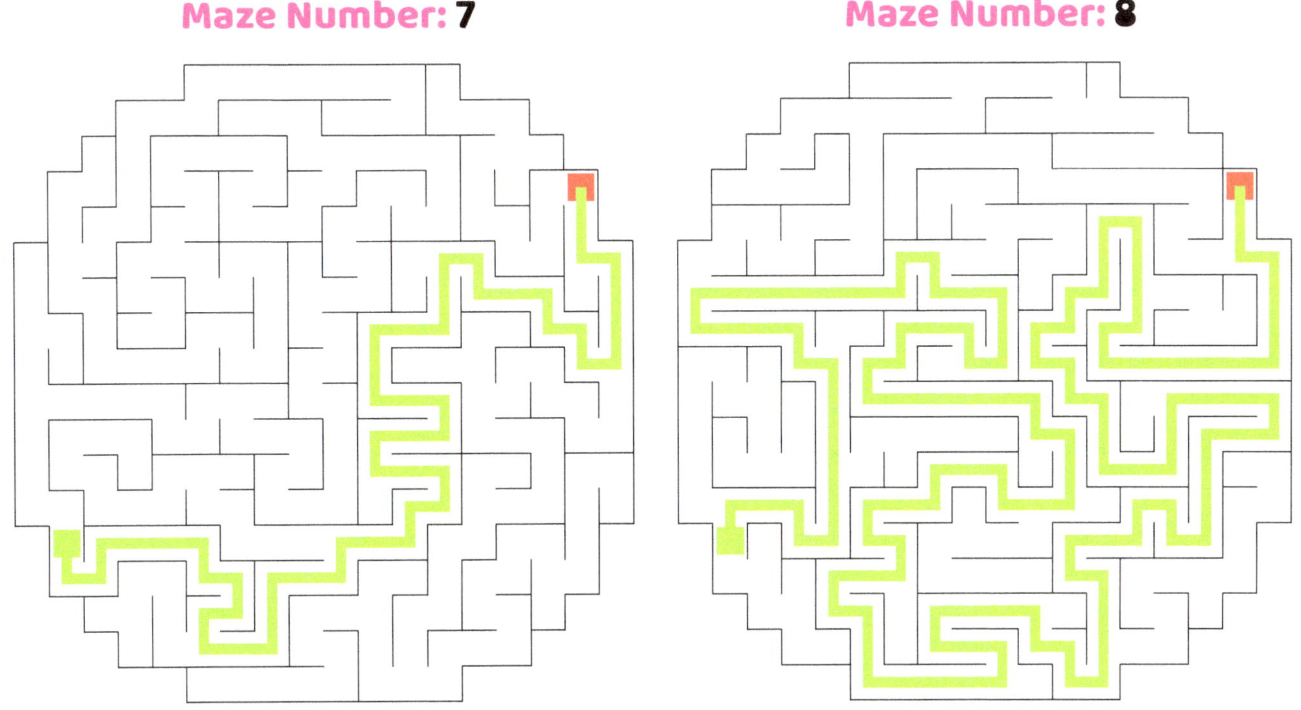

Solutions

Enjoy adding Colour

Maze Number: 9

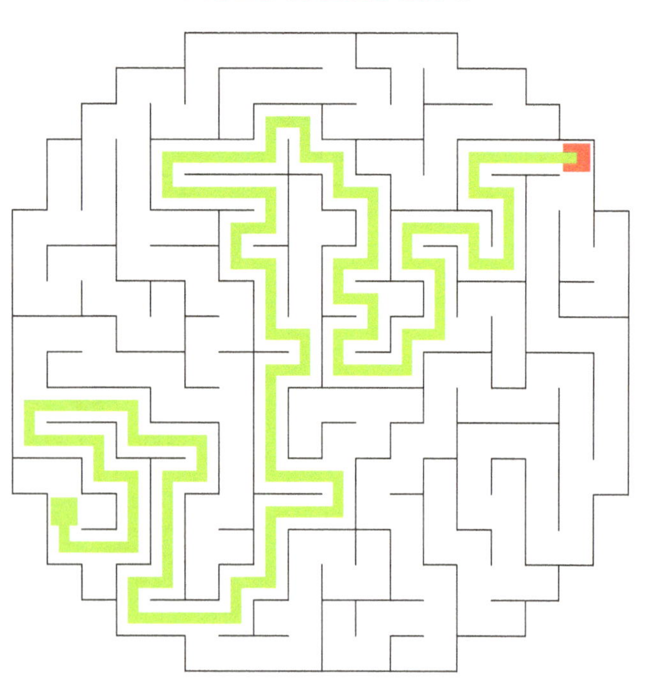

Maze Number: 10

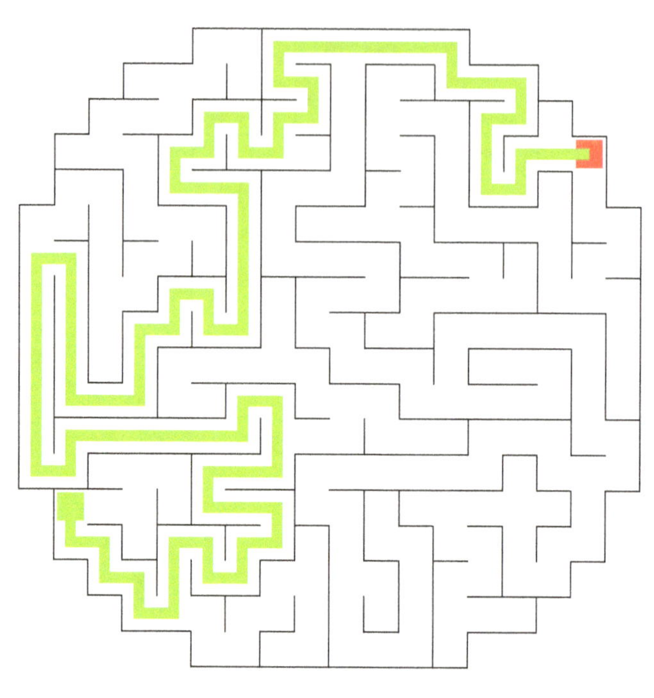

Maze Number: 11

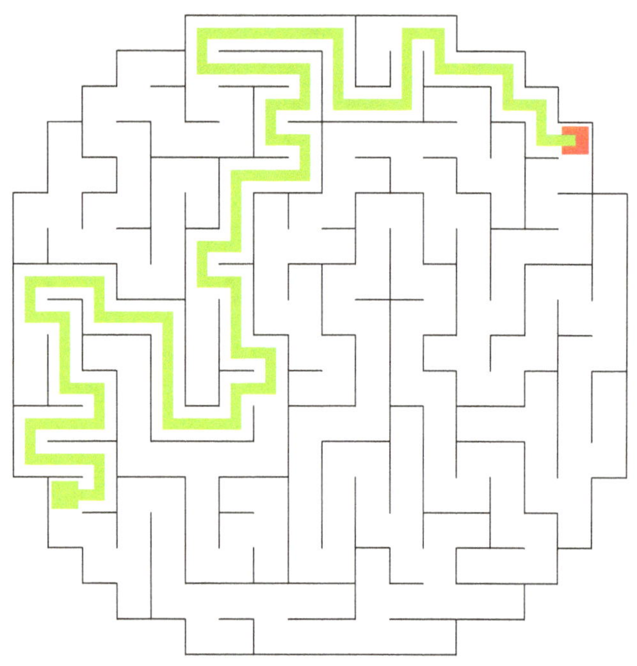

Maze Number: 12

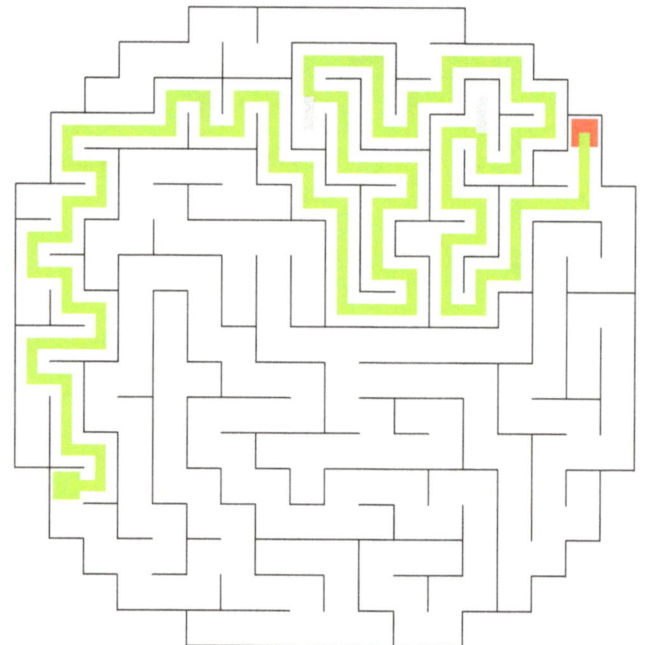

Solutions

Maze Number: 13

Maze Number: 14

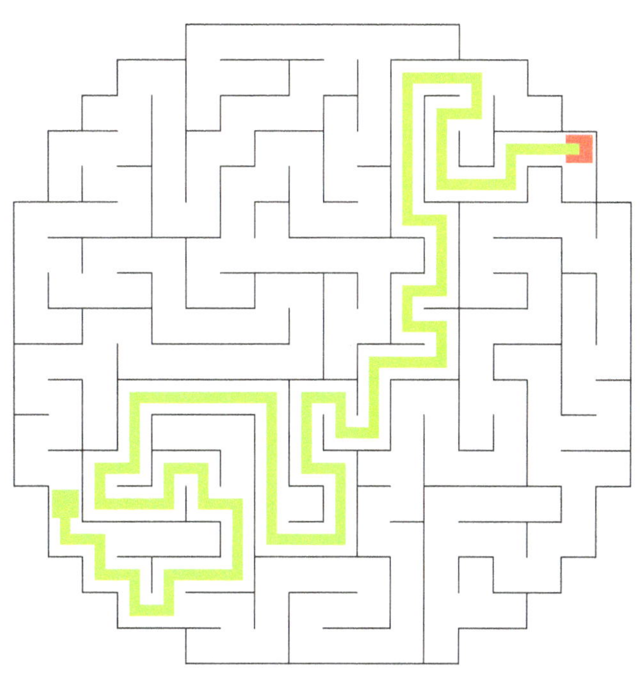

Maze Number: 15

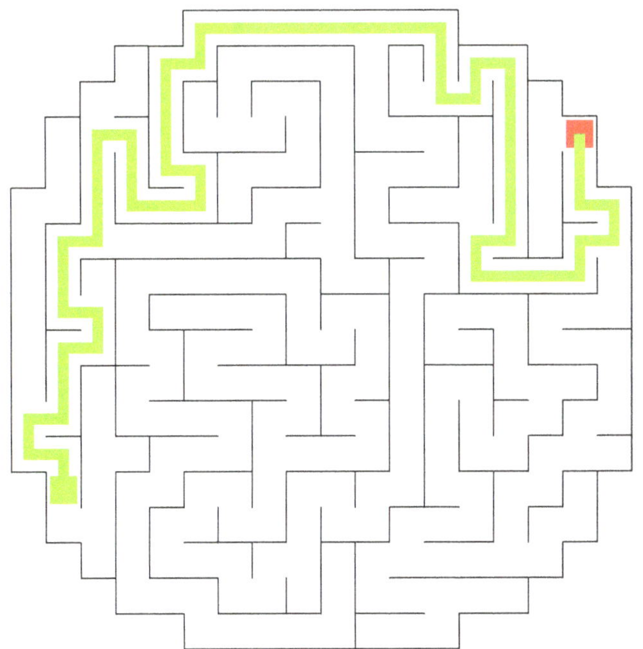

Maze Number: 16

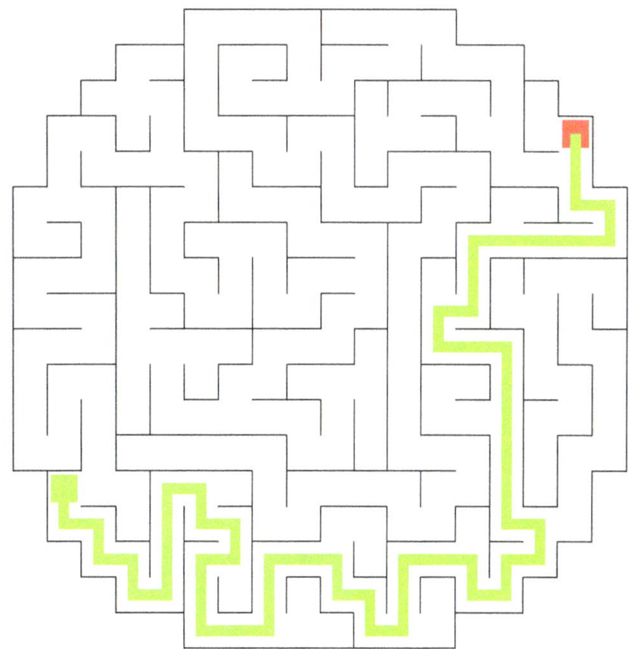

Solutions

Enjoy adding Colour

Maze Number: 17

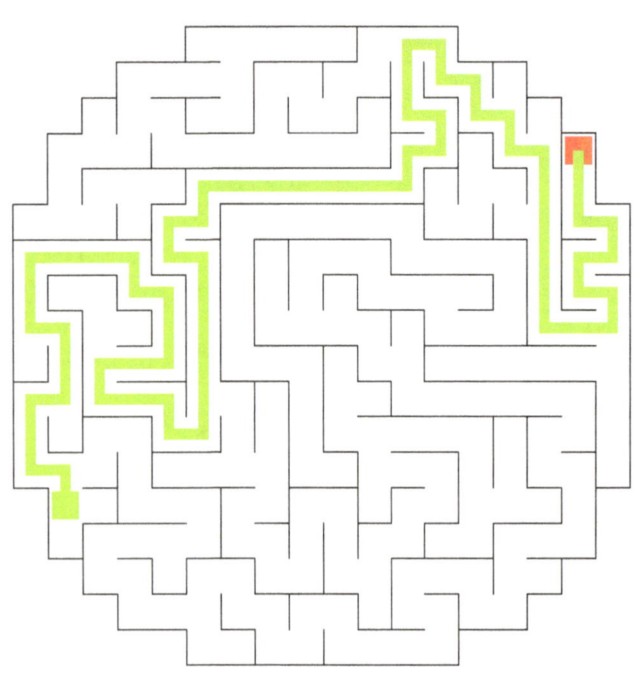

Maze Number: 18

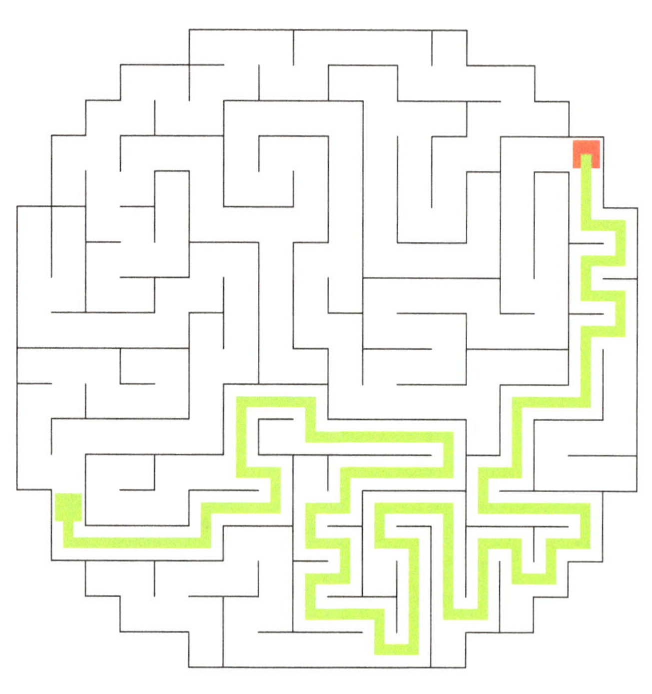

Maze Number: 19

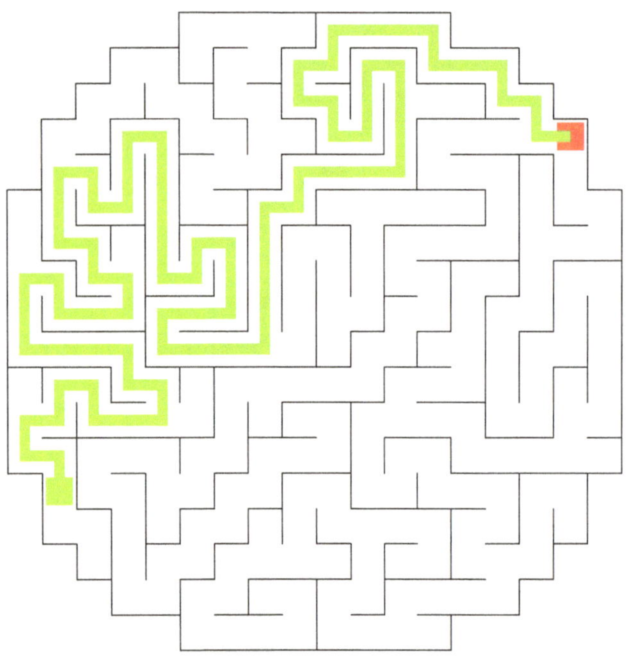

Maze Number: 20

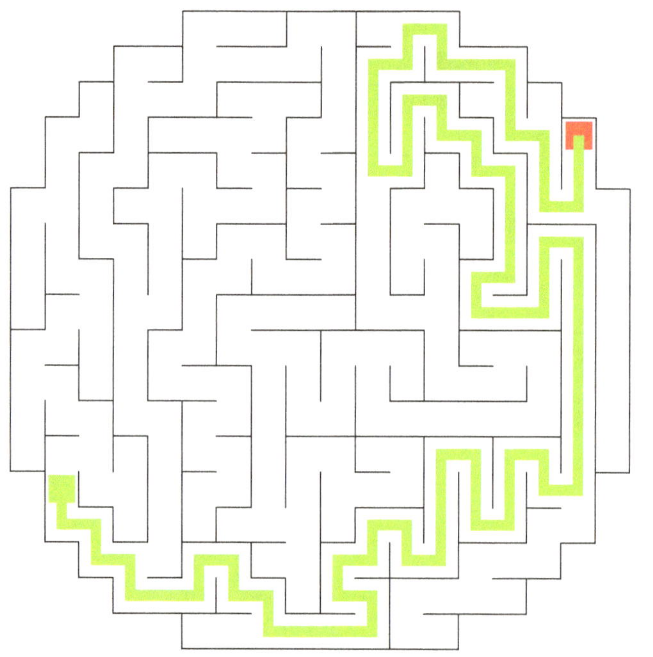

Solutions

Maze Number: 21

Maze Number: 22

Maze Number: 23

Maze Number: 24

Solutions

Enjoy adding Colour

Maze Number: 25

Maze Number: 26

Maze Number: 27

Maze Number: 28

Solutions

Maze Number: 29

Maze Number: 30

Maze Number: 31

Maze Number: 32

Solutions

Enjoy adding Colour

Maze Number: 33

Maze Number: 34

Maze Number: 35

Maze Number: 36

Solutions

Maze Number: **37**

Maze Number: **38**

Maze Number: **39**

Maze Number: **40**

Thank you!